DAS NATURBILD DER NEUEN PHYSIK

VON

ARTHUR HAAS
DR. PHIL., PROF. FÜR PHYSIK
AN DER UNIVERSITÄT WIEN

DRITTE, VERMEHRTE UND VERBESSERTE AUFLAGE

MIT 8 FIGUREN IM TEXT

BERLIN UND LEIPZIG 1932
WALTER DE GRUYTER & CO.
VORMALS G. J. GÖSCHEN'SCHE VERLAGSHANDLUNG · J. GUTTENTAG, VERLAGSBUCHHANDLUNG · GEORG REIMER · KARL J. TRÜBNER · VEIT & COMP.

vormals G. J. Göschen'sche Verlagshandlung — J. Guttentag, Verlagsbuchhandlung — Georg Reimer — Karl J. Trübner — Veit & Comp.
Berlin W 10, Genthiner Straße 38

Erste Auflage: 1920
Zweite Auflage: 1924
Dritte Auflage: 1932

Archiv-Nr. 52 22 31

DRUCK VON METZGER & WITTIG IN LEIPZIG

Aus dem Vorwort zur ersten Auflage

Die vorliegende Schrift stellt eine Reihe von Vorträgen dar, die zunächst im Winter 1919/20 vor Laien in der Wiener Urania gehalten wurden und dann nochmals im Sommersemester 1920 in einer für Hörer aller Fakultäten bestimmten Vorlesung an der Leipziger Universität.

Das Naturbild der modernen Physik sollte in diesen Vorträgen in möglichst leicht verständlicher Weise und ohne alle mathematischen Formeln geschildert werden. Dabei war ich bestrebt, nicht mehr zu bringen, als zu der Gewinnung eines anschaulichen und übersichtlichen Bildes notwendig ist, während ich alles Übrige (Tatsachen sowohl als auch Namen) in den Vorträgen absichtlich verschwieg. Nur kleine Zusätze, die in unmittelbarem Zusammenhange mit Stellen der Vorträge stehen, wurden als Anmerkungen am Ende der Schrift hinzugefügt.

Leipzig, im Juli 1920.

Arthur Haas

Vorwort zur dritten Auflage

Als ein neues Kapitel enthält die dritte Auflage dieses Buches den Vortrag über die neue Mechanik; auch in den anderen Kapiteln wurden die Fortschritte der Physik seit dem Erscheinen der zweiten Auflage berücksichtigt.

Herrn Professor Dr. Robert W. LAWSON der Universität Sheffield bin ich für viele wertvolle Verbesserungsvorschläge dankbar, die er mir als Übersetzer bei drei englischen Auflagen dieser Schrift freundlichst zukommen ließ.

Wien, im Oktober 1931.

Arthur Haas

Inhaltsverzeichnis

*

Erster Vortrag
Die elektromagnetische Theorie des Lichtes

Seit dem Beginne des zwanzigsten Jahrhunderts hat unser Naturbild durch die großartigen Fortschritte der theoretischen Physik eine völlige Neugestaltung erfahren. In den Grundlagen der Naturlehre hat sich eine radikale Umwälzung vollzogen. Tief eingewurzelte Vorstellungen sind als unhaltbare Vorurteile durchschaut und ausgerottet worden. Die ältesten Begriffe der Naturphilosophie haben ihre Bedeutung geändert. Früher nie geahnte Zusammenhänge haben sich der physikalischen Forschung erschlossen. Unser Naturbild hat sich in großartiger Weise erweitert und dabei doch vereinfacht und vereinheitlicht.

Vorbereitet wurde diese neueste, so stürmische und dabei doch so erfolgreiche Entwicklung der Physik durch zwei Theorien, die bereits in der zweiten Hälfte des neunzehnten Jahrhunderts entstanden waren und deren jede einen großen Fortschritt in dem Streben nach einer einheitlichen Physik bedeutete. Die eine von MAXWELL geschaffene Theorie führte die Erscheinungen des Lichtes auf solche der Elektrizität zurück und machte damit die *Optik* zu einem *Zweige der Elektrizitätslehre*. Die andere Theorie erklärte die Phänomene der Wärme durch die Annahme einer ständigen Bewegung der kleinsten Körperteilchen und machte damit, indem sie zugleich deutlich die außerordentliche Fruchtbarkeit des *atomistischen* Prinzipes erkennen ließ, die *Wärmelehre* zu *einem Zweige der Mechanik*. Am Ende des neunzehnten Jahrhunderts vollzog sich die Erweiterung der MAXWELLschen Theorie zu der *Elektronentheorie*, die uns in der Elektrizität den Urstoff aller Dinge, in kleinen elektrischen Ladungen die Bausteine der Materie erkennen ließ.

In Erweiterung und Fortbildung des atomistischen Prinzips hat die *Quantentheorie* zu großen Erfolgen vor allem in der Erklärung der Spektren geführt und dadurch wertvolle Aufschlüsse über den inneren Aufbau der Atome der Grundstoffe geliefert. Die Relativitätstheorie bewirkte eine ganz neue Auffassung des Wesens von Raum und Zeit und führte in ihrer Verallgemeinerung zu einer neuen Auffassung der Gravitation, die auch bedeutungsvolle Aufschlüsse über kosmologische Fragen gewährte. Auf quantentheoretischer Grundlage wurde schließlich auch der älteste Zweig der Physik, die Mechanik, zu einer undulatorischen Bewegungslehre verfeinert.

Der von Maxwell geschaffenen elektromagnetischen Theorie des Lichtes soll der erste der Vorträge gelten, in denen eine leichtverständliche Darstellung des modernen physikalischen Naturbildes versucht werden soll.

Wie in jedem Zweige der Physik, so gibt es auch in der Optik gewisse Grunderscheinungen, von denen wohl seit den ältesten Zeiten die geradlinige Ausbreitung des Lichtes, seine Reflexion und seine Brechung bekannt waren.[1] Eine Fülle optischer Grundphänomene wurde in der zweiten Hälfte des siebzehnten Jahrhunderts entdeckt, so vor allem die Beugung des Lichtes, seine Doppelbrechung in Kristallen, die merkwürdigen Farben dünner Blättchen, die Farbenzerstreuung und schließlich die Tatsache einer ganz bestimmten Fortpflanzungsgeschwindigkeit des Lichtes. Mit der Frage der Natur des Lichtes beschäftigten sich damals ganz besonders die beiden führenden Physiker Newton und Huygens; und wenn sie auch (worauf hier nicht näher eingegangen werden soll) verschiedene Ansichten über die Natur des Lichtes vertraten[2], so stimmten sie doch in einer wichtigen Erkenntnis miteinander überein: daß nämlich das Licht ein sowohl räumlich als auch zeitlich periodisch verlaufender Vorgang sein müsse.

Eine solche doppelte Periodizität haben wir uns folgendermaßen vorzustellen. Fassen wir eine bestimmte Stelle im Raume ins Auge, so wiederhole sich an dieser Stelle eine bestimmte Reihe von Zuständen periodisch; die Zahl, die uns angibt, wie oft in der Zeiteinheit die Aufeinanderfolge der Zustände wiederkehrt, bezeichnet man als die Schwingungszahl.[3] Anstatt die Zustände an derselben Stelle zu verschiedenen Zeiten zu vergleichen, können wir aber auch die Zustände an verschiedenen

Stellen in demselben Augenblick vergleichen. Wir denken uns hierzu von einer Stelle aus eine Gerade gezogen und vergleichen nun (indem wir gleichsam eine Momentphotographie vornehmen) die Zustände miteinander, die an verschiedenen Stellen längs dieser Geraden vorhanden sind; wir haben dann eine räumliche Aneinanderreihung von Zuständen längs dieser Geraden. Ist nun der Vorgang so beschaffen, daß die zeitliche Aufeinanderfolge der Zustände an einer und derselben Stelle dieselbe ist wie die räumliche Aneinanderreihung längs einer solchen Geraden in einem bestimmten Augenblick, dann bezeichnen wir im weiteren Sinne des Wortes einen solchen Vorgang von doppelter, räumlicher und zeitlicher Periodizität als Welle.[4] Längs einer Geraden oder, wie man auch sagt, längs eines Strahles findet sich dieselbe Aufeinanderfolge von Zuständen periodisch in bestimmten Distanzen wieder, die man die Wellenlänge nennt. Im übrigen ist die Fortpflanzungsgeschwindigkeit der Welle nichts anderes als das Produkt aus der Schwingungszahl und der Wellenlänge.

Die bekanntesten Beispiele von wellenartigen Vorgängen sind diejenigen, die in schwingenden Bewegungsvorgängen bestehen, die also beispielsweise dann hervorgerufen werden, wenn man einen Stein in einen Teich wirft oder in der Luft eine Pfeife ertönen läßt und dadurch die Luft in Schwingungen versetzt, die unser Ohr als Ton empfindet. Bis in die neueste Zeit war nun die Physik von dem Bestreben geleitet, alle physikalischen Erscheinungen womöglich auf Bewegungsvorgänge zurückzuführen.[5] Es ist daher begreiflich, daß Huygens auch die von ihm angenommenen Wellen des Lichtes als mechanische zu deuten suchte.[6] Da sich aber nun das Licht von der Sonne zu der Erde durch einen offenbar leeren Raum fortpflanzt, andererseits auch der ungeheuer große Wert der Lichtgeschwindigkeit[7] anders schwer erklärt werden könnte, so konnte das Licht nicht als wellenförmige Bewegung eines gewöhnlichen Stoffes angesehen werden. Es blieb daher Huygens nichts anderes übrig, als zum Träger der Lichtwellen jenen hypothetischen, mysteriösen Äther zu machen, den vor ihm schon andere Denker aus anderen Gründen ersonnen hatten.[8] Wie in festen oder flüssigen Körpern sollten nach der Vorstellung von Huygens auch im Äther auf elastischen Schwingungen beruhende mechanische Wellen möglich sein, die wir eben als Licht empfänden.

Es ist das große und bleibende Verdienst von NEWTON und HUYGENS, daß sie zuerst die räumlich-zeitliche Periodizität und damit (im weiteren Sinne dieses Wortes) die Wellennatur des Lichtes erkannt haben. Daß die optischen Wellen im besonderen als mechanische aufgefaßt wurden, ist zwar historisch durch die damals mechanisierende Tendenz der Physik begründet, war aber keineswegs notwendig. Denn für die großen Fortschritte, die die theoretische Optik bis zu MAXWELL tatsächlich vollbrachte, hätte die von NEWTON und HUYGENS gewonnene Erkenntnis der räumlich-zeitlichen Periodizität des Lichtes auch dann vollkommen ausgereicht, wenn man die Frage nach der wahren Natur dieser doppelt periodisch verlaufenden Vorgänge noch in Schwebe gelassen und sich nicht voreilig für die spezielle Annahme entschieden hätte, daß die optischen Vorgänge mechanisch-elastischer Natur seien.

Welch außerordentlich einfache Erklärung das Prinzip der räumlich-zeitlichen Periodizität des Lichtes auch für recht komplizierte optische Phänomene zu erbringen vermag, das wurde nun besonders klar, als zwischen 1808 und 1820 eine neue Gruppe von optischen Erscheinungen entdeckt wurde, die man unter der Bezeichnung der Polarisationsphänomene zusammenfaßt. Diese Phänomene fanden eine sehr einfache Erklärung durch die optische Wellenhypothese, aber erst, nachdem diese eine wichtige und wesentliche Ergänzung durch die besondere Annahme von der Transversalität der Lichtwellen erfahren hatte.

Um diesen Begriff in seiner modernen Bedeutung zu erklären, ist es nötig, vorerst einen anderen Begriff zu besprechen, der für die neuere Physik von der größten Wichtigkeit ist; es ist dies der Begriff der Vektorgröße. Wenn wir etwa sagen, daß an einem Orte die Temperatur 15 Grad betrage, so ist durch diese Angabe einer einzigen Zahl die Temperatur an dem Orte vollkommen bestimmt, sobald eine bestimmte Skala zur Messung der Temperatur gegeben ist. Aber es gibt in der Physik auch Größen, die durch die Angabe einer einzigen Zahl noch keineswegs vollständig bestimmbar sind; es gibt

Größen, die uns erst dann bekannt sind, wenn wir außer ihrem Betrag auch noch ihre Richtung kennen. Solche Größen sind beispielsweise die Geschwindigkeit, die Beschleunigung, die Kraft; sie haben die Eigentümlichkeit, daß man sie durch gerichtete Strecken von bestimmter Länge und bestimmter Richtung symbolisch darstellen kann. Da man nun gerichtete Strecken in der Geometrie Vektoren nennt, bezeichnet man solche physikalische Größen, die durch gerichtete Strecken symbolisch darstellbar sind, als Vektorgrößen.[9]

Aus den experimentellen Beobachtungen über die vorhin erwähnten optischen Polarisationserscheinungen ergab sich nun mit zwingender Notwendigkeit folgendes merkwürdige Resultat: Der optische Zustand an einer Stelle muß durch eine sich periodisch ändernde Vektorgröße darstellbar sein, die jedoch stets senkrecht steht auf der Fortpflanzungsrichtung des Lichtes; darum spricht man eben von einer Transversalität der Lichtwellen.[10]

Die auf diese Vorstellung gegründete und vor allem durch Fresnel in dem zweiten und dritten Jahrzehnt des 19. Jahrhunderts ausgestaltete Theorie des Lichtes führte zu großartigen Erfolgen. Aber gleichwohl hatte sie ihre schwache Seite, die allmählich eine Quelle der ärgsten Verlegenheiten wurde. Fresnel faßte nämlich, wie schon Huygens, die Lichtwellen als mechanische Wellen auf. (Die sich periodisch ändernde Vektorgröße wäre nach Fresnels Auffassung einfach die gerichtete Strecke, die man von der sogenannten Ruhelage eines schwingenden Ätherteilchens zu seiner augenblicklichen Aufenthaltsstelle zieht.) Die Lichtwellen wären also nach der Auffassung, die durch einen großen Teil des 19. Jahrhunderts die herrschende blieb, durch die Elastizität des Äthers bedingt; und da ergaben sich nun eben unüberwindbare Schwierigkeiten, weil die Vorstellung rein transversaler Wellen in schroffstem Widerspruch stand zu den Ergebnissen der Elastizitätstheorie und zu den Eigenschaften, die man wiederum aus anderen Gründen dem hypothetischen Äther zuschreiben mußte.[11] So sehr sich auch die elastische Lichttheorie Fresnels bei der Erklärung komplizierter optischer Phänomene bewährte, so völlig unhaltbar und widerspruchsvoll waren ihre Grundlagen. Denn die Annahme der Wellennatur und der Transversalität des Lichtes war richtig, hingegen war die spezielle Vorstellung falsch, daß diese Wellen mechanisch-elastisch sein müßten.

Es ist das unvergängliche Verdienst des englischen Physikers MAXWELL, dies zuerst erkannt, zugleich aber auch zuerst die wahre Natur des Lichtes erschaut zu haben; MAXWELLS Werk bestand in der Verschmelzung der Optik mit der Elektrizitätstheorie.

Die Elektrizitätslehre war bis gegen das Ende des 18. Jahrhunderts lediglich die Lehre von der Reibungselektrizität gewesen. In den letzten Jahren des 18. Jahrhunderts erfolgte die Entdeckung der elektrischen Ströme. Im Jahre 1820 entdeckte OERSTED die Tatsache des sogenannten Elektromagnetismus, nämlich die Tatsache, daß ein elektrischer Strom in seiner Umgebung ein Magnetfeld erzeugt. Elf Jahre später, im Jahre 1831, glückte FARADAY die ungemein bedeutungsvolle Entdeckung der Induktionsströme; diese entstehen in einem geschlossenen Leiter dann, wenn sich ein Magnetfeld, in dem sich der Leiter befindet, ändert, sei es nun, daß dieses Magnetfeld von einem eigentlichen Magneten herrührt oder von einem anderen elektrischen Strom erzeugt wird.

Auf die Gesetze, die die Erscheinungen des Elektromagnetismus und der Induktionsströme beschreiben, gründete sich die exakte Theorie der elektrischen und der magnetischen Vorgänge; und diese Theorie hat nun MAXWELL im Jahre 1873 durch eine neue Hypothese von der allergrößten Tragweite ergänzt. In Anknüpfung an Vorstellungen von FARADAY nahm nämlich MAXWELL an, daß es ebensowohl wie in Drähten auch im leeren Raum und in elektrischen Isolatoren eine Art elektrischer Ströme geben müsse, die er (aus hier nicht näher zu erörternden Gründen) als Verschiebungsströme bezeichnete.[12] Diesen Verschiebungsströmen schrieb nun MAXWELL ganz dieselben Eigenschaften zu, wie sie bei geschlossenen Leiterströmen in Drähten beobachtet werden. Auch die Verschiebungsströme sollen ein Magnetfeld erzeugen, auch sie sollen durch Induktion hervorgerufen und beeinflußt werden, auch sie sollen selbst induzierend wirken.

Die Einfügung dieser Hypothese in die Theorie der Elektrizität und des Magnetismus führte aber nun auf rein deduktivem Wege zu den wunderbarsten Folgerungen. Durch mathematische Schlußweise ergab sich nämlich aus der Hypothese der Verschiebungsströme die theoretische Möglichkeit von elektromagnetischen Wellen, die aber im Gegensatz zu elastischen Wellen rein transversal sein müßten. Wie hat man sich nun solche elektromagnetische Wellen zu denken? Zur Beantwortung dieser Frage wird es zweckmäßig sein, zunächst einen für die theoretische Physik sehr wichtigen Begriff abzuleiten, nämlich den der elektrischen Feldstärke.

Befindet sich irgendwo ein elektrisch geladener Körper, so erzeugt er infolge seiner Ladung ein sogenanntes elektrisches Feld, das sich darin äußert, daß eine in seine Umgebung gebrachte sogenannte Probeladung eine anziehende oder abstoßende Kraft erfährt. Diese Kraft ist nach dem Grundgesetz der Elektrostatik (dem COULOMBschen Gesetz) der Größe der Probeladung proportional; der Quotient aus dem Betrage der Kraft und der Größe der Probeladung ist daher von der Probeladung selbst unabhängig. Man nennt ihn die elektrische Feldstärke an der betreffenden Stelle. Die Feldstärke ist eine Vektorgröße in dem früher angegebenen Sinn; und zwar ist ihre Richtung identisch mit der Richtung der Kraft, die an der betreffenden Stelle auf eine positiv elektrische Probeladung wirkt.[13]

Wenn nun die elektrische Feldstärke, die an einer Stelle vorhanden ist, ihren Betrag oder ihre Richtung oder beides periodisch ändert, so sagt man, daß an der betreffenden Stelle elektrische Schwingungen auftreten. (Man nennt diese, wie nur nebenbei erwähnt sei, linear, wenn sich nur der Betrag periodisch ändert, zirkular oder kreisförmig, wenn sich nur die Richtung ändert, elliptisch, wenn sich sowohl der Betrag als auch die Richtung ändert.) Wenn derart an einer Stelle eine bestimmte Reihe von Werten der elektrischen Feldstärke (nach Betrag und Richtung) zeitlich-periodisch wiederkehrt, dann ergibt sich nun aus der MAXWELLschen Theorie der Verschiebungsströme, daß dieselbe Folge von Werten der Feldstärke auch in einem beliebigen Augenblick längs einer von der Stelle aus gezogenen Geraden räumlichperiodisch aneinandergereiht erscheinen muß. Ein solcher Vorgang von doppelter, räumlicher und zeitlicher, Periodizität wird aber nun eben nach dem früher Gesagten als eine elektrische Welle zu bezeichnen sein. Dem Begriff der elektrischen Feldstärke ist durchaus der der magnetischen Feldstärke analog; ebenso entsprechen den Begriffen der elektrischen Schwingungen und der elektrischen Wellen die Begriffe der magnetischen Schwingungen und der magnetischen Wellen.

Auf rein deduktivem Wege vermochte nun MAXWELL auf Grund der schon vor ihm bekannten Gesetze des Elektromagnetismus und der Induktionsströme und auf Grund seiner neuen Hypothese der Verschiebungsströme folgende Eigenschaften der theoretisch möglichen elektrischen und magnetischen Wellen nachzuweisen: Jede elektrische Welle ist stets mit einer gleich rasch fortschreitenden magnetischen Welle als einer notwendigen Folgeerscheinung verbunden, wie auch umgekehrt keine magnetische Welle ohne eine elektrische möglich ist. Die magnetische Feldstärke steht stets senkrecht auf der elektrischen Feldstärke, und beide stehen senkrecht auf der gemeinsamen Fortpflanzungsrichtung. Die elektromagnetischen Wellen sind demnach rein transversal. Im Gegensatz zu den elastischen Wellen besitzen sie also die Eigenschaft, die notwendigerweise auf Grund der Polarisationserscheinungen den Lichtwellen zugeschrieben werden mußte.

Aber das merkwürdigste Ergebnis der MAXWELLschen Theorie ist der Wert, der sich für die Fortpflanzungsgeschwindigkeit der elektromagnetischen Wellen ergibt; und diese Frage hängt wieder auf das engste zusammen mit der Frage des Maßes einer elektrischen Stromstärke. Man kann nämlich auf zweierlei verschiedene Art die Stärke eines elektrischen Stromes definieren; einerseits nach der Elektrizitätsmenge, die in der Zeiteinheit den Querschnitt des Stromleiters passiert, andererseits nach der magnetischen Kraft, die von dem Strome ausgeübt wird. So haben in der Tat schon vor MAXWELL die Physiker zwei verschiedene Maßsysteme für die elektrische Stromstärke und andere mit ihr zusammenhängende Größen gekannt, ein sogenanntes elektrostatisches und ein sogenanntes elektromagnetisches.

Die Einheiten der Stromstärke sind in diesen beiden Systemen nicht gleich; aber auch ihr Verhältnis ist nicht etwa wie das Verhältnis zwischen Zoll und Zentimeter eine reine Zahl, sondern es stellt, wie die nähere Untersuchung zeigt, eine Geschwindigkeit dar.

Im Jahre 1856 ist es nun durch ein Verfahren, auf das hier nicht näher eingegangen werden soll, WILHELM WEBER (der auch als Erfinder der elektrischen Telegraphie bekannt ist) gelungen, dieses geschwindigkeitsartige Verhältnis auf experimentellem Wege zu ermitteln[14]; und da fand er nun für dieses Verhältnis einen Wert, der nur unmerklich von dem bekannten Werte der Lichtgeschwindigkeit abwich; so wenig, daß der geringe Unterschied der damaligen Unvollkommenheit der experimentellen Methode zugeschrieben werden mußte.

MAXWELLS theoretische Untersuchungen führten nun zu dem Ergebnis, daß die Fortpflanzungsgeschwindigkeit der elektromagnetischen Wellen in einer Substanz einerseits von dieser WEBERschen Konstanten abhänge, andererseits aber von solchen Konstanten, die das elektrische und magnetische Verhalten der betreffenden Substanz charakterisieren[15]; im leeren Raume müßte die Fortpflanzungsgeschwindigkeit gleich sein der WEBERschen Konstanten, die ja wiederum mit der Lichtgeschwindigkeit übereinstimmt. Dieses merkwürdige Ergebnis brachte MAXWELL auf den Gedanken, die Lichtwellen mit den von ihm als theoretisch möglich erkannten elektromagnetischen Wellen zu identifizieren, um so mehr, als die Transversalität der Lichtschwingungen, die der elastischen Lichttheorie ein unlösbares Rätsel gewesen war, sich aus den Grundlagen der MAXWELLschen Theorie mit mathematischer Folgerichtigkeit ergibt. Ein weiterer großer Vorzug der elektromagnetischen Lichttheorie war es aber auch, daß (worauf hier nicht näher eingegangen werden soll) die Erscheinungen der Reflexion und der Brechung des Lichtes sich aus der MAXWELLschen Theorie ohne Zuhilfenahme weiterer Annahmen erklären ließen; in der elastischen Lichttheorie FRESNELS war dies hingegen nur vermittels einiger, eigens zu diesem Zwecke ersonnener und höchst gekünstelter Hypothesen möglich gewesen.

Aus der MAXWELLschen Theorie ergab sich auch, daß eine einfache Beziehung zwischen den Konstanten bestehen müsse, die das optische, und denen, die das elektrische Verhalten von Substanzen kennzeichnen.[16] Daß diese aus der Theorie gefolgerte Beziehung in der Tat erfüllt ist, hat bald nach dem Bekanntwerden der MAXWELLschen Theorie BOLTZMANN durch Messungen an Gasen erwiesen. Der überzeugendste Beweis für die Richtigkeit der elektromagnetischen Lichttheorie wurde allerdings erst fünfzehn Jahre später, im Jahre 1888 durch die berühmten Versuche von HERTZ erbracht; denn aus ihnen ging hervor, daß in der Tat auf rein elektrischem Wege Wellen erzeugt werden können, die sich, wie mittels elektrischer Apparate nachgewiesen werden konnte, nach genau denselben Gesetzen und mit derselben Geschwindigkeit wie Lichtwellen ausbreiten und wie diese reflektiert, gebrochen, gebeugt, polarisiert und zur Interferenz gebracht werden können.

Um die theoretische Bedeutung der HERTZschen Versuche zu verstehen, müssen wir uns zunächst etwas mit der objektiven Bedeutung eines optischen Begriffes befassen, der subjektiven Ursprungs ist; es ist dies der Begriff der Farbe. NEWTON hat bereits erkannt, daß die Verschiedenheit der Farbenempfindung objektiv durch eine Verschiedenheit in der Periode des Lichtes bedingt sei; und er erkannte auch bereits, daß der relative Unterschied der bekannten Farben nicht sehr groß sein könne. Bei dem violetten Licht, das das eine Ende des sichtbaren Spektrums bildet, muß, wie schon NEWTON erkannte, die Periode ungefähr halb so groß sein wie bei dem roten Licht, das das Spektrum auf der anderen Seite begrenzt. Es wäre also umgekehrt bei dem violetten Licht die Schwingungszahl doppelt so groß wie bei dem roten. Ebenso wie in der Akustik von einem Tone, der eine doppelt so große Schwingungszahl hat wie ein anderer, gesagt wird, daß er um eine Oktave höher liege, so kann man dies auch in der Optik von zwei Farben sagen, deren eine eine doppelt so große Frequenz hat wie die andere. Das sichtbare Spektrum, das von dem Roten bis zu dem Violetten reicht, umfaßt somit ungefähr eine Oktave.

Auf Grund der Wellentheorie des Lichtes vermochte zuerst zu Beginn des 19. Jahrhunderts der englische Physiker

YOUNG die absoluten Werte der Wellenlängen und der Schwingungszahlen für die verschiedenen Farben zu ermitteln; er benutzte dabei die ihm bekannten Messungen an den sogenannten NEWTONschen Farbenringen, die beobachtet werden, wenn man eine schwach gekrümmte Linse auf eine Glasplatte legt. Die Wellenlänge beträgt für das sichtbare Licht zwischen 4 und 8 Zehntausendsteln eines Millimeters; die Schwingungszahlen, die diesen Wellenlängen entsprechen, sind, was ja auch in dem enormen Werte der Lichtgeschwindigkeit zum Ausdruck kommt, ungeheuer groß; sie betragen zwischen 400 und 800 Billionen in der Sekunde. Die Periode des sichtbaren Lichtes verhält sich also zu einer Sekunde ungefähr so wie diese zu einem Zeitraum von etwa zehn bis zwanzig Millionen Jahren.

Um dieselbe Zeit, da YOUNG so zuerst die Schwingungszahlen des Lichtes berechnete, erfuhr nun auch der Begriff des Lichtes selbst durch zwei wichtige experimentelle Entdeckungen nach zwei Seiten hin eine wesentliche Erweiterung. Im Jahre 1800 machte nämlich der berühmte Astronom HERSCHEL die merkwürdige Beobachtung, daß die Wärmewirkung des Sonnenlichtes nicht auf das eigentliche Spektrum beschränkt ist, sondern über das rote Ende des Spektrums hinaus reicht, ja ihr Maximum erst jenseits des roten Endes erreicht. HERSCHEL wurde so der Entdecker der ultraroten Strahlen. Zu derselben Zeit fand RITTER, daß sich andererseits die chemische Wirkung des Lichtes über das violette Ende hinaus erstreckt, ja jenseits des violetten Endes des Spektrums noch stärker ist als im Spektrum selbst; er wurde so der Entdecker der ultravioletten Strahlen.

Die Vervollkommnung der physikalischen Instrumente und Methoden hat seitdem eine sehr genaue Erforschung des ultraroten und ultravioletten Spektrums ermöglicht, wobei man eben die ultraroten Strahlen an ihrer Wärmewirkung, die ultravioletten an ihrer chemischen Wirkung erkennt. Zur Feststellung der Wärmewirkung besitzt die Physik heute ungemein empfindliche Instrumente, die es ermöglichen, die Wärme einer Kerzenflamme noch in einer Entfernung von hundert Metern festzustellen[17]; zum Nachweise der ultravioletten Strahlen steht der Physik wieder ein äußerst empfindliches Instrument in der photographischen Platte zur Verfügung.

Während das sichtbare Spektrum nur eine Oktave umfaßt, ist man in der Erforschung des Ultraroten bis zu acht Oktaven jenseits des sichtbaren Spektrums vorgedrungen; die längste im Ultraroten festgestellte Wellenlänge beträgt etwas weniger als einen halben Millimeter. Jenseits des violetten Endes des Spektrums ist man um fünf Oktaven vorgeschritten bis zu einer Wellenlänge, die nur etwas mehr als den millionsten Teil eines Zentimeters beträgt. Rechnen wir also die ultraroten und ultravioletten Strahlen zu dem Licht im weiteren Sinne des Wortes hinzu, so umfaßt dieses nach dem derzeitigen Stande der Forschung ungefähr vierzehn Oktaven, wovon acht auf das ultrarote, nur eine einzige auf das dem menschlichen Auge sichtbare und fünf auf das ultraviolette Licht entfallen; das Sehvermögen unseres Auges ist also sehr eng begrenzt.

Alle diese Lichtstrahlen des sichtbaren und unsichtbaren Spektrums mit Wellenlängen von dem etwa millionsten Teil eines Zentimeters bis zu einem halben Millimeter stellen nun nach der MAXWELLschen Theorie nichts anderes dar als elektromagnetische Schwingungen, und sie erscheinen dadurch in einen engen Zusammenhang gebracht mit den Oszillationen, die bei der Entladung einer Leidener Flasche schon 14 Jahre vor der Entstehung der MAXWELLschen Theorie der deutsche Physiker FEDDERSEN nachgewiesen hatte. FEDDERSEN zog das photographische Bild des Entladungsfunkens einer Leidener Flasche mittels eines sehr rasch rotierenden Spiegels auseinander und konnte so durch die Photographie nicht nur nachweisen, daß die Entladung einen oszillatorischen Charakter hat, er konnte auch die Zahl der Schwingungen in der Sekunde bestimmen. Er fand hierfür bei seinen Versuchen Werte von etwa 10000 bis 1000000 Schwingungen in der Sekunde. Nimmt man nun im Sinne der MAXWELLschen Theorie an, daß sich diese Schwingungen mit der Geschwindigkeit des Lichtes fortpflanzen, so würden dem Wellenlängen von der Größenordnung von Kilometern entsprechen; und mit Wellen von solcher Länge lassen sich experimentelle Beobachtungen natürlich nicht anstellen.

Es war nun das große Verdienst von HERTZ, daß er durch verschiedene Kunstgriffe die Schwingungszahl solcher elektrischer Entladungs-Oszillationen wesentlich erhöhte. Die Wellenlänge ließ sich dadurch bis auf einige Meter herabsetzen; und mit Wellen von dieser Länge konnte nun HERTZ bequem experimentieren und an ihnen, wie schon erwähnt, nachweisen, daß sie ganz dieselben Eigenschaften haben und dieselben Gesetze befolgen wie die Wellen des sichtbaren Lichtes. Seit den Versuchen von HERTZ, die bekanntlich die Grundlage der drahtlosen Telegraphie bilden, ist es allmählich gelungen, die Länge der durch elektrische Entladungen hervorgerufenen Wellen derart herabzusetzen, daß die kürzeste bekannte elektrische Entladungswelle eine kleinere Wellenlänge aufweist als die längstwelligen im Ultraroten entdeckten Strahlen.[18]

Wie sich an das Gebiet des Lichtes auf der einen Seite des Spektrums das Gebiet der elektrischen Entladungswellen reiht, so hat man nun in den letzten Jahrzehnten noch eine andere Art elektromagnetischer Wellen als solche erkannt; deren Gebiet liegt auf der anderen Seite des Spektrums, jenseits des äußersten Ultraviolett. Es gehört den Strahlen an, deren Entdeckung durch RÖNTGEN im Jahre 1895 das größte Aufsehen in der ganzen Welt erregte.

Die Frage der Natur der Röntgenstrahlen ist lange ungeklärt geblieben. Wohl hatten die Physiker Grund zu der Vermutung, daß die Röntgenstrahlen eine dem Lichte verwandte Erscheinung darstellen. Aber es fehlte eine direkte Bestätigung der Vermutung, und vor allem sahen die Physiker zunächst keine Möglichkeit, im Falle der Richtigkeit der Vermutung auch wirklich die Wellenlängen von Röntgenstrahlen exakt zu bestimmen. Denn zur Messung von Wellenlängen bedient man sich in der Optik sogenannter Beugungsgitter. Es sind dies (am besten konkave) Metallspiegel, auf die in gleichen, außerordentlich kleinen Abständen feine Spalte, bis zu zehntausend auf einen Zentimeter, mittels eines Diamanten eingeritzt sind. Mit solchen Beugungsgittern können nach einer sehr einfachen Methode (auf die hier nicht eingegangen werden soll) Wellenlängen gemessen werden, wofern sie nicht größer und auch nicht wesentlich kleiner sind als der Abstand zweier benachbarter Spalte des Gitters.

Nun hatten die Physiker Gründe zu der Vermutung, daß die Wellenlängen der Röntgenstrahlen, wofern diese dem Licht ähnlich sind, etwa zehntausendmal kleiner sein müßten als die Wellenlängen des violetten Lichtes. Man hätte somit zu der Bestimmung der Wellenlängen von Röntgenstrahlen Beugungsgitter benötigt, auf denen die Spalte in noch zehntausendmal kleinerem Abstande gezogen wären, als auf den feinsten herstellbaren Beugungsgittern. Man hätte Gitter gebraucht, bei denen die Spalte so enge benachbart wären, daß Millionen auf einen Millimeter kämen. Die technische Unmöglichkeit, solche Gitter herzustellen, schien den Physikern fast jede Aussicht zu nehmen, je die Wellenlängen von Röntgenstrahlen zu bestimmen, als im Jahre 1912 LAUE auf den genialen Gedanken verfiel, statt künstlicher Gitter einfach Kristalle zu verwenden.

Die Mineralogen erblickten nämlich die Ursache der regelmäßigen Form der Kristalle in einer regelmäßigen Anordnung der Molekeln und Atome in den Kristallen.[19] Trifft diese Vorstellung zu, dann müßte aber, wie LAUE erkannte, ein Kristall infolge der regelmäßigen Anordnung seiner Teilchen ähnliche Wirkungen ausüben wie ein Beugungsgitter. Die Wirkungsweise wäre allerdings dadurch wesentlich kompliziert, daß in einem Kristall die den Spalten entsprechenden Stellen nicht wie bei optischen Gittern linear, sondern räumlich angeordnet sind. Andererseits folgte aus verschiedenen physikalischen Überlegungen, daß die Abstände der Molekeln im Kristall von der Größenordnung von weniger als dem millionsten Teil eines Millimeters sein müßten; das würde Wellenlängen entsprechen, die etwa zehntausendmal kleiner wären als die von violettem Licht, also gerade so groß, wie man es bei den Röntgenstrahlen vermutete.

Hieraus schloß nun LAUE, daß Röntgenstrahlen, wofern sie wirklich besonders kurzwellige elektromagnetische Wellen darstellen, durch Kristalle ähnlich gebeugt werden müßten wie gewöhnliches Licht durch die in der Optik gebräuchlichen Beugungsgitter; nur mit den Unterschieden eben, die dadurch bedingt sind, daß ein Kristall ein räumliches und nicht ein lineares Gitter darstellt. Eine photographische Platte, die hinter einem von Röntgenstrahlen getroffenen

Kristall aufgestellt ist, müßte danach, wie LAUE erkannte, bei geeigneter Versuchsanordnung symmetrisch angeordnete schwarze Flecken zeigen, und aus der Lage der Flecke müßte es wiederum möglich sein, einerseits die Wellenlängen der aus dem Kristall tretenden Röntgenstrahlen und andererseits auch die Struktur des benutzten Kristalls zu erkennen. LAUES theoretische Überlegungen wurden sehr bald durch das Experiment in glänzendster Weise bestätigt; die aus Kristallen austretenden Röntgenstrahlen riefen in der Tat auf der photographischen Platte die von LAUE vorausgesagten eigenartigen Bilder hervor (Fig. 1).

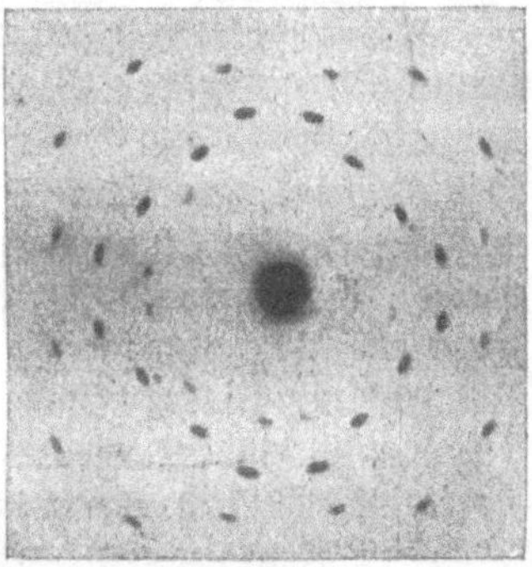

Fig. 1

LAUES Entdeckung der sogenannten Interferenz der Röntgenstrahlen ist von der allergrößten Bedeutung für die neueste Entwicklung der Naturlehre geworden. Sie hat (wovon später die Rede sein soll) die Struktur der Kristalle enthüllt und dadurch der Kristallographie ganz neue Wege der Forschung erschlossen. Sie hat (wovon auch noch gesprochen werden soll) zu der Auffindung der Röntgenspektren geführt, die bereits in wenigen Jahren die wertvollsten Aufschlüsse über den inneren Bau der Atome geliefert haben. Die LAUEsche Entdeckung hat schließlich und vor allem auch die lang vergeblich gesuchte Klarheit über das Wesen der Röntgenstrahlen gebracht.

Aus den Ausmessungen mittels der Kristalle ging in der Tat hervor, daß die Wellenlängen der Röntgenstrahlen von der Größenordnung des hundertmillionsten Teiles eines Millimeters sind. Die mittels der Kristalle gemessenen Röntgenstrahlen umfassen ein Gebiet von etwa neun Oktaven[20], das von dem bisher als raschest schwingend bekannten ultravioletten Licht durch ein Grenzgebiet von etwas über einer Oktave getrennt ist, in welchem Grenzgebiet aber zahlreiche Wellenlängen auf indirektem Wege gemessen werden konnten.[21] Bis zu drei Oktaven höher als die kürzestwelligen Röntgenstrahlen konnte eine den Röntgenstrahlen verwandte Art von Strahlen gemessen werden, die (wovon noch die Rede sein wird) von radioaktiven Substanzen ausgesendet und als Gamma-Strahlen bezeichnet werden. Noch mehrere Oktaven höher als die γ-Strahlen liegen, wie MILLIKAN im Jahre 1925 feststellte, merkwürdige Strahlen von außerordentlich starkem Durchdringungsvermögen, die schon früher durch HESS und KOLHÖRSTER in höheren Schichten der Atmosphäre entdeckt worden waren und die vermutlich als kosmische Strahlen aus dem Weltenraum zur Erde kommen.

Wie verschwindend klein erscheint so innerhalb der Gesamtausdehnung des Spektrums im heutigen Sinne das dem menschlichen Auge sichtbare Spektrum, das die Farben des Regenbogens von Rot bis Violett vereinigt! Es enthält ja nur eine einzige Oktave, während das Licht im weitesten Sinne dieses Wortes von den Radiowellen bis zu den kosmischen Strahlen mehr als fünzig Oktaven umfaßt. Für die subjektive Wahrnehmung erscheinen freilich die Wellen der drahtlosen Telegraphie, die ultraroten Wärmestrahlen, das sichtbare Licht, die chemisch wirksamen ultravioletten Strahlen und die Röntgenstrahlen als qualitativ verschiedene Phänomene. In objektiver Hinsicht sind sie ein und dasselbe, nämlich elektromagnetische Wellen, die untereinander nur quantitativ in der Periode verschieden sind. Die Möglichkeit und Notwendigkeit dieser elektromagnetischen Wellen beruht aber wieder, wie zuerst MAXWELL erkannt hat, letzten Endes auf den beiden Gesetzen, die die von OERSTED und FARADAY entdeckten Phänomene beschreiben, nämlich die Erzeugung eines Magnetfeldes durch einen elektrischen Strom und die Entstehung eines Induktionsstromes in einem veränderlichen Magnetfeld.

*

Zweiter Vortrag
Die Molekularstatistik

So alt wie alle theoretische Naturwissenschaft ist das Streben nach der Schaffung eines einheitlichen Naturbildes. Schon in der antiken Naturphilosophie hat darum dieses Streben zu einem Gedanken geführt, dessen außerordentliche Fruchtbarkeit gerade die neueste Entwicklung der theoretischen Physik deutlich offenbart hat. Es war der atomistische Gedanke, als dessen Schöpfer der große griechische Philosoph DEMOKRIT anzusehen ist.[1]

Das Bild, das der Mensch von der Natur durch seine Sinnesorgane empfängt, ist nicht nur beschränkt wegen des begrenzten Vermögens unserer Sinnesorgane; es ist auch kompliziert durch die Vielheit unserer Sinne. Schon die antike Naturphilosophie hat sich aber zu der Erkenntnis durchgerungen, daß die Mannigfaltigkeit des Naturbildes nur subjektiven Ursprungs sein könne; und darum stellte DEMOKRIT diesem komplizierten subjektiven Weltbild ein zweites absolutes, objektives gegenüber, in dem es nur eine einzige Art physikalischer Phänomene geben solle, nämlich die Bewegung. Soll aber nun alles physikalische Geschehen auf Bewegungen zurückgeführt werden, die uns wegen der Kleinheit der bewegten Objekte verborgen bleiben, dann mußte natürlich auch die Materie selbst in lauter unsichtbar kleine Teilchen aufgelöst gedacht werden.

Die weitere Entwicklung der Physik hat allerdings gezeigt, daß die von DEMOKRIT erhoffte restlose Zurückführung der gesamten Physik auf die Mechanik nicht verwirklicht werden kann. Wohl aber ist durch die moderne Physik zur Gewißheit geworden, was bei DEMOKRIT nur eine kühne spekulative Hypothese war: daß die Materie aus sehr kleinen und in sehr rascher Bewegung begriffenen Teilchen zusammengesetzt ist; und seit der Mitte des 19. Jahrhunderts ist in der Physik die Erkenntnis allgemein geworden, daß es eben diese unsichtbaren Bewegungen der Materieteilchen sind, die die Erscheinungen der Wärme hervorrufen.

Obwohl die ersten Anfänge der kinetischen Wärmetheorie bis in das 17. Jahrhundert zurückreichen[2], hat ihre exakte Ausgestaltung doch erst in der Mitte des 19. Jahrhunderts begonnen, und zwar in engem Zusammenhang mit der Auffindung des sogenannten ersten Hauptsatzes der Wärmelehre. Im Jahre 1842 machten ROBERT MAYER und JOULE die sehr bedeutungsvolle Entdeckung, daß bei der Erzeugung von Wärme durch mechanische Arbeit und ebenso bei dem umgekehrten Vorgang zwischen den ineinander verwandelten Mengen von Wärme und von mechanischer Energie ein konstantes Umwandlungsverhältnis besteht.[3] Diese merkwürdige Tatsache fand nun eine äußerst einfache Erklärung, wenn man in der Wärme nichts anderes als Bewegung erblickte; denn der Satz von der Erhaltung der mechanischen Energie bei reinen Bewegungsvorgängen war schon längst als notwendige mathematische Folge der NEWTONschen Bewegungsaxiome erkannt worden.[4] Bei der Erzeugung von Wärme durch Arbeit würde also nach der kinetischen Wärmetheorie ganz im Sinne der Mechanik die gesamte mechanische Energie als solche ungeändert bleiben; ändern würde sich lediglich die Verteilung des Gesamtbetrages der mechanischen Energie auf zwei Teilbeträge: auf den Teilbetrag, der uns bedingt erscheint durch die Bewegung der sichtbaren Körper im ganzen, und auf den Teilbetrag, der der unsichtbaren Bewegung der kleinsten Körperteilchen zuzuschreiben ist. Da auf Griechisch groß makros, klein aber mikros heißt, kann man die beiden Arten der Bewegung und daher auch die beiden Teilbeträge der Energie als makromechanisch und mikromechanisch unterscheiden.

Ihre außerordentliche Fruchtbarkeit sollte die atomistische Hypothese zunächst auf dem Gebiete der kinetischen Gastheorie erweisen, die in den Fünfziger Jahren des 19. Jahrhunderts von KRÖNIG und CLAUSIUS in exakter Form begründet wurde.[5] Der Grundgedanke der kinetischen Gastheorie ist, daß bei Gasen die Bewegung der kleinsten Teilchen, der sogenannten Gasmolekeln, eine einfach fortschreitende ist, ohne daß, wie man dies hinsichtlich des festen und flüssigen Aggregatzustandes annimmt, die Molekeln an bestimmte Gleichgewichtslagen gebunden wären.[6] Vom atomistischen Standpunkt aus hat man sich also ein Gas als einen Schwarm von rasch dahinschießenden kleinen Teilchen zu denken, die in ihrer Bewegung nur durch die Anwesenheit der anderen Molekeln beeinflußt werden, denen sie in ihren Bahnen nahekommen.[7]

Aus dieser Grundhypothese folgen auf rein deduktivem Wege auf die einfachste Weise sogleich die wesentlichen Eigenschaften der Gase. Daß ein in einem Gefäß eingeschlossenes Gas gegen die Wände des Gefäßes einen Druck ausübt, erklärt sich sehr einfach aus den unaufhörlichen Stößen, aus dem ständigen Aufprall der Gasmolekeln gegen die Wände. Wird die Dichte eines Gases verdoppelt, so prallen natürlich auch doppelt soviel Molekeln in der gleichen Zeit auf ein Stück der Wand auf; der Druck muß also unter sonst gleichen Umständen der Dichte des Gases proportional oder, was dasselbe ist, dem Volumen des Gases umgekehrt proportional sein; und das ist in der Tat, wie schon in der Mitte des 17. Jahrhunderts die Physiker erkannt hatten[8], die fundamentale Beziehung der Gaslehre.

Die Temperatur eines Gases erscheint bestimmt durch den Mittelwert der auf eine einzelne Molekel entfallenden Bewegungsenergie; andererseits hängt der Wert der Bewegungsenergie wieder von der molekularen Geschwindigkeit ab, deren Quadrat er proportional ist. Die Temperatur, bei der die Molekeln eines solchen Gases überhaupt keine Bewegungsenergie hätten, sich also in vollkommener Ruhe befänden, bezeichnet man als den absoluten Nullpunkt der Temperatur. Allerdings war dieser Begriff schon früher, unabhängig von der kinetischen Hypothese, den Wärmetheoretikern geläufig gewesen; unter dem absoluten Nullpunkt verstand man nämlich die Temperatur, bei der der Druck aller Gase verschwindet. Der absolute Nullpunkt muß, wie aus der beobachteten Abhängigkeit des Druckes von der Temperatur folgt, 273,1 Celsiusgrade unter dem Schmelzpunkt des Eises liegen. Es sei in diesem Zusammenhang nur kurz nebenbei erwähnt, daß die tiefste, bisher experimentell im Laboratorium erzeugte Temperatur nur etwa einen Grad über dem absoluten Nullpunkt liegt.[9]

Die nähere, rein deduktive Untersuchung zeigt nun, daß die molekulare Geschwindigkeit für eine bestimmte Temperatur ohne weiteres angegeben werden kann, da man auf Grund empirischer Messungen weiß, wie Druck und Volumen eines Gases von der Temperatur abhängen. CLAUSIUS hat so gezeigt, daß die molekularen Geschwindigkeiten von derselben Größenordnung sind wie die Geschwindigkeiten, mit denen Kugeln Geschütze verlassen. Bei Wasserstoff beträgt beispielsweise bei einer Temperatur von 0 Grad die durchschnittliche Geschwindigkeit der Molekeln 1800 m in der Sekunde.[10] Bei anderen Gasen ist sie geringer, und zwar um so geringer, je größer das Molekulargewicht des Gases ist. Bei Sauerstoff und Stickstoff, den beiden Hauptbestandteilen der Luft, ist z. B. die Geschwindigkeit nur ungefähr ein viertel mal so groß wie bei Wasserstoff.

Außer durch CLAUSIUS fand die kinetische Gastheorie ihre weitere Ausgestaltung zunächst durch den Schöpfer der elektromagnetischen Lichttheorie, durch MAXWELL.[11] Aber das vielleicht interessanteste Ergebnis, zu dem die weiteren gastheoretischen Untersuchungen führten, verdankte die Physik dem Wiener Physiker LOSCHMIDT. Denn LOSCHMIDT war der erste, der die absolute Größe der Molekeln[12] bestimmte. Dies gelang ihm im Jahre 1865 durch Überlegungen, die einerseits die sogenannte innere Reibung der Gase, andererseits die Verflüssigung der Gase zum Gegenstande hatten. Die theoretische Physik hat seitdem (wovon in einem späteren Vortrag noch ausführlich die Rede sein wird) viel exaktere mannigfache Methoden gefunden, um die wahre Größe der Molekeln zu bestimmen. Ja man kann wohl sagen, daß wir heute den Wert der Masse einer Wasserstoffmolekel mit verhältnismäßig größerer Genauigkeit kennen als etwa den Wert der Masse der Erde.

Der genaue Wert, den die Physik heute für die Masse einer Wasserstoffmolekel anzugeben vermag, bedeutet, daß eine Quadrillion von Wasserstoffmolekeln (d. h. eine Billion mal einer Billion) erst die Masse von drei Gramm besitzt.[13] Da die Masse der Erde auf 6000 Quadrillionen Gramm geschätzt wird, so würde sich demnach die Masse einer Wasserstoffmolekel zu der eines Steines von etwa 130 Gramm ungefähr so verhalten wie die Masse des Steines zu der der ganzen Erde.

So verschwindend klein sind die Träger der unsichtbaren Bewegungen, die der Experimentalphysik als Wärme erscheinen. Die Vorgänge, die Zustände, die für den Experimentalphysiker einzelne Vorgänge, Einzelzustände sind, erscheinen für den Atomiker als eine Gesamtheit einer ungeheuren Zahl von individuellen Vorgängen, von individuellen Zuständen; und deren Träger sind eben wieder jene Materieindividuen, deren Gewicht im allgemeinen nicht einmal den trillionsten Teil eines Milligramms erreicht.

Ein und derselbe physikalische Zustand kann somit von zwei ganz verschiedenen Gesichtspunkten aus betrachtet werden. Haben wir etwa ein Gas in einem größeren Gefäß mit verschiebbarem Kolben, so weiß der Experimentalphysiker alles, was er über den Zustand des Gases wissen will, wenn er weiß, welchen Druck das Gas gegen die Gefäßwände ausübt, wie hoch seine Temperatur ist, welches Volumen es mit seiner Masse erfüllt.[14] Mit diesen Daten ist für den Experimentalphysiker alles erschöpft, was ihm über den Zustand des Gases wissenswert erscheint. Für den Atomiker besteht das Gas aus Quadrillionen von Molekeln; für ihn ist daher der Zustand des Gases in Quadrillionen individueller, allerdings rein mechanischer Zustände aufgelöst, und diese würde er für einen bestimmten Augenblick erst dann vollkommen kennen, wenn er von jeder einzelnen Molekel wüßte, an welcher Stelle sie sich in diesem Moment befindet und mit welcher Geschwindigkeit und in welcher Richtung sie sich in diesem Augenblick bewegt. Sollte nun wirklich die Atomistik, die eine Vereinfachung der physikalischen Naturbetrachtung bezweckt, statt dessen eine so ungeheure Komplizierung der Naturbetrachtung herbeiführen? Die Antwort auf diese Frage gibt uns eine ganz einfache Überlegung, die wir in einem der Phyik scheinbar ganz fremden Gebiete anstellen wollen.

In der Volkswirtschaftslehre spricht man von Altersgliederung der Bevölkerung, von Geburtenziffer, von Heiratsfrequenz, von der Höhe der Sterblichkeit, von dem Prozentsatz der Selbstmorde und von ähnlichen Begriffen und spricht von Gesetzmäßigkeiten, die solche Größen zeigen; und doch setzt sich die Bevölkerung, die in ihrer Gesamtheit den Gegenstand solcher national-ökonomischer Forschungen bilden kann, aus einer großen Vielheit von Individuen zusammen, deren einzelner Lebenslauf durchaus den Charakter des Zufälligen und Unregelmäßigen trägt, namentlich hinsichtlich solcher freiwilliger Handlungen, wie es eine Eheschließung oder ein Selbstmord ist.

Es zeigt sich eben, daß, wofern man nur eine genügend große Zahl von individuellen Fällen ins Auge faßt, das individuelle Moment ganz in den Hintergrund tritt. Die individuellen Zufälligkeiten spielen eine um so geringere Rolle, je größer die Zahl der Einzelfälle ist, die den Gegenstand der Betrachtung bilden. Diese merkwürdige Tatsache, die man als das *Gesetz der großen Zahlen* bezeichnet, bildet das Fundament aller *statistischen* Untersuchungen.

Ein Beispiel möge das etwas näher erläutern. In einer Millionenstadt stellt die Zahl der wöchentlichen Todesfälle eine verhältnismäßig größere Zahl dar (etwa 500 für jede Million). Man wird nun finden, daß in einer Millionenstadt die Zahl der wöchentlichen Todesfälle sich innerhalb eines Monates relativ nur wenig ändert. Ja die individuellen Zufälligkeiten werden so unmerklich, daß, wenn man etwa für zwei verschiedene, durch einen längeren Zeitraum getrennte Wochen merklich verschiedene Zahlen für die wöchentlichen Todesfälle vorfindet, man eine äußere Ursache dafür suchen wird; sei es, daß infolge der Witterung in einer Woche des Winters mehr Menschen sterben als in einer Sommerwoche, sei es, daß eine Epidemie die Zahl der Todesfälle vermehrte, oder daß eine Hungersnot die Sterblichkeit erhöhte.

Daß wir aber aus der Veränderung einer solchen Zahl, wie es die wöchentlichen Todesfälle sind, auf äußere Ursachen schließen dürfen, das trifft nur dann zu, wenn diese Zahl hinreichend groß ist. Fassen wir statt der Millionenstadt eine Kleinstadt von etwa sechstausend Einwohnern ins Auge, in der durchschnittlich wöchentlich etwa drei Menschen sterben, und es betrage etwa die Zahl der Sterbefälle in der ersten Märzwoche eines Jahres vier und in der ersten Märzwoche des nächsten Jahres zwei, so wäre es natürlich durchaus verfehlt, wenn wir aus diesem Zufall schließen wollten, daß sich die gesundheitlichen Verhältnisse in der Stadt innerhalb eines Jahres gebessert hätten. Bei so kleinen Zahlen, wie es die Zahlen vier oder zwei sind, spielt eben das individuelle Moment eine wesentliche Rolle; bei so kleinen Zahlen können relativ wesentliche Änderungen ihres Wertes, können beträchtliche Schwankungen ohne äußere Ursache, bloß infolge der individuellen Zufälligkeiten auftreten.

Die einfachen Überlegungen, die wir auf dem Gebiete der Bevölkerungsstatistik angestellt haben, lassen sich infolge ihrer allgemeinen Gültigkeit nun aber ohne weiteres auch auf das Gebiet der Molekularerscheinungen übertragen. Denn so wie die Größen, die in der Bevölkerungsstatistik eine Rolle spielen, von individuellen Größen abhängen, die individuelle Zustände oder Vorgänge charakterisieren, so muß dies gemäß der kinetischen Theorie auch für die Größen gelten, die in der Wärmelehre auftreten. Ist nun der ins Auge gefaßte physikalische Vorgang so beschaffen, daß die Zahl der individuellen Vorgänge, in die er vom atomistischen Standpunkte aus aufgelöst erscheint, groß ist, dann trifft der Vergleich mit der Millionenstadt zu. Man kann dann aus den individuellen Werten durch Zusammenzählung oder Durchschnittsbildung statistische Größen ableiten, die sich auf die Gesamtheit als solche beziehen; genau so, wie man in der Bevölkerungsstatistik die einzelnen Todesfälle zusammenzählt oder aus dem erreichten Alter der verstorbenen Einzelpersonen ein mittleres Lebensalter berechnet; und wenn der Vergleich mit der Millionenstadt zutrifft, dann wird es auch für die physikalischen statistischen Größen gelten, daß sie sich ohne äußere Ursache nicht merklich verändern, wofern sie von einer großen Zahl von individuellen Größen abhängen.

Ein Beispiel möge dies etwas näher erläutern. Wir fassen innerhalb eines von einem Gase erfüllten Gefäßes in Gedanken einen winzig kleinen Würfel ins Auge, dessen Länge nur den zehntausendsten Teil eines Millimeters betragen soll. Durch diesen Würfel werden infolge des inneren Bewegungszustandes des Gases ununterbrochen Molekeln rasend rasch hindurchschießen. Ein fingierter Beobachter, der imstande wäre, die einzelnen Molekeln als solche zu erkennen, möge nun in beliebigen Augenblicken blitzartig eine Zählung der Molekeln vornehmen, die sich momentan inmitten dieses gedachten Würfels befinden. Multipliziert dieser fingierte Atomiker die so erhaltene Zahl mit der Masse der untereinander gleich groß gedachten Molekeln und dividiert er noch durch das Volumen des Würfels, so erhält er eine Größe, die mit derjenigen identisch ist, die die beschreibende Physik als die Dichte des Gases an der betreffenden Stelle bezeichnet.

Der fingierte Atomiker könnte auch blitzschnell für einen bestimmten Moment die Geschwindigkeiten der einzelnen Molekeln messen; multipliziert er die Masse einer Molekel mit dem halben Quadrate ihrer Geschwindigkeit, so erhält er die Bewegungsenergie der betreffenden Molekel. Aus den Werten, die der Atomiker so für die Bewegungsenergien aller momentan in dem kleinen Würfel enthaltenen Molekeln feststellt, kann er den Durchschnitt bilden, und durch diesen Mittelwert wäre wieder infolge eines einfachen (hier nicht näher zu erörternden) Zusammenhanges die Größe bestimmt, die der beschreibende Physiker die Temperatur an der betreffenden Stelle nennt, an der in Gedanken der kleine Würfel konstruiert wurde.

Obwohl dieser Würfel sehr klein angenommen wurde, nämlich mit einer Kantenlänge von dem zehntausendsten Teile eines Millimeters, so sind in ihm nach dem früher über die Größe der Molekeln Gesagten doch noch immer im allgemeinen Tausende von Molekeln enthalten.[15] Der Vergleich mit der Millionenstadt trifft also zu, und dies trotz der verschwindenden Kleinheit des Würfels, über dessen Volumen die statistischen Betrachtungen erstreckt wurden. Für die Zustände und Vorgänge, die die Experimentalphysik beschreibt, sind die individuell-molekularen Größen daher im allgemeinen an sich ganz nebensächlich. In Betracht kommen für den beschreibenden Physiker nur solche Werte, die aus einer großen Zahl von an sich belanglosen Einzelwerten mittels statistischer Methoden gebildet sind. Die spontanen Änderungen dieser statistischen Größen werden aber infolge der großen Zahl individueller Vorgänge relativ sehr gering sein; es werden daher im allgemeinen in einem Gas ohne äußere Ursachen weder Dichteschwankungen noch Temperaturschwankungen von merklicher Größe auftreten. Ohne äußeren Grund wird es daher nicht vorkommen, daß ein in einem Zimmer aufgehängtes Thermometer eine plötzliche Temperaturerhöhung oder Temperaturerniedrigung anzeigt; ja vielmehr umgekehrt, wenn eine solche Änderung des Standes des Thermometers auftritt, ohne daß wir die Ursache wissen, so werden wir notwendigerweise diese Änderung einer uns unbekannten äußeren Ursache zuschreiben.

Einen deutlichen Beweis für die Richtigkeit der kinetischen Molekulartheorie bietet eine Erscheinung, die zuerst vor etwa hundert Jahren von dem Botaniker Brown beobachtet wurde und die nach ihm allgemein als Brownsche Bewegung bezeichnet wird. Denken wir uns einen Gegenstand in der Luft aufgehängt, so wird er nach der atomistischen Auffassung von allen Seiten Stöße durch die auf ihn aufprallenden Molekeln der Luft erfahren. Ist aber der Gegenstand so groß, daß er mit freiem Auge sichtbar ist, so wird er infolge der ungeheuren Zahl der Molekeln auch in verschwindend kleinen Bruchteilen einer Sekunde doch noch viele Millionen von Stößen erfahren. Da aber diese Stöße aus allen möglichen Richtungen erfolgen, so werden sie infolge der durch die große Zahl bedingten Regelmäßigkeit einander nahezu vollständig in ihren Wirkungen aufheben. Die Folge davon wird sein, daß, obwohl der aufgehängte Körper durch den Aufprall der Molekeln in eine gewisse zitternde Bewegung gerät, diese doch viel zu unbedeutend ist, als daß sie sich irgendwie bei Objekten äußern könnte, die mit freiem Auge sichtbar sind. Denken wir uns hingegen ein viel kleineres Objekt, denken wir uns etwa ein schwebendes Materieteilchen, das man nicht einmal im Mikroskope sehen, sondern nur im Ultramikroskope[16] erkennen kann, dann müßten sich die individuellen Unregelmäßigkeiten der Stöße in merklicher Weise offenbaren, und das Teilchen müßte infolge der allseitigen regellosen Stöße eine lebhafte Zickzackbewegung ausführen.

In der Tat hat nun schon im Jahre 1827 Brown unter dem Mikroskop merkwürdige unregelmäßige Bewegungen entdeckt, die in Flüssigkeiten Pflanzenpollen ausführten, deren Lineardimensionen ungefähr den zweihundertsten Teil eines

Millimeters betrugen. BROWN hat auch schon festgestellt, daß diese Bewegungen um so lebhafter sind, je kleiner die Pollen sind. Ein halbes Jahrhundert später erkannte erst CHRISTIAN WIENER die wahre Ursache dieser Erscheinung in dem inneren Bewegungszustand, der der Flüssigkeit nach der kinetischen Theorie der Materie zugeschrieben werden muß. In Gasen ist der Nachweis der BROWNschen Bewegung allerdings erst viel später EHRENHAFT gelungen. Die exakte Ausgestaltung der Theorie der BROWNschen Bewegung ist vor allem das Verdienst von EINSTEIN und von SMOLVCHOWSKI.

Die bisherigen Überlegungen lassen uns deutlich erkennen, daß sich letzten Endes alle molekularstatistischen Untersuchungen auf Wahrscheinlichkeitsbetrachtungen gründen. Wir haben ja gesehen, daß relative Schwankungen um so größer sind, je kleiner die Zahl der Einzelwerte ist, aus denen der schwankende Wert gebildet ist, und daß die Schwankungen unmerklich werden, wenn die Zahl der Einzelwerte groß wird. Dies erklärt sich eben daraus, daß die Wahrscheinlichkeit für eine Schwankung von bestimmtem relativen Wert (etwa für eine zufällige Verdoppelung) rapid abnimmt, wenn die Zahl der Einzelwerte auch nur von drei bis zu zwanzig erhöht wird. Daß in einer Kleinstadt, in der wöchentlich durchschnittlich etwa drei Menschen sterben, einmal in einer Woche zufälligerweise überhaupt niemand stirbt, mag gar nicht so selten vorkommen. Für eine Millionenstadt ist hingegen ein solches Ereignis so enorm unwahrscheinlich und darum so ungeheuer selten, daß man getrost behaupten kann, daß sich, seitdem es Millionenstädte gibt und solange es welche geben wird, ein solcher Fall überhaupt noch nie ereignet hat und auch nie ereignen wird. Man kann es getrost behaupten, weil eben die Wahrscheinlichkeit, daß diese Behauptung irrig sei, enorm gering ist. Ein Ereignis, dessen Wahrscheinlichkeit ungeheuer klein ist, bezeichnen wir aber nun einfach als unmöglich; der Unterschied zwischen beiden Begriffen ist so unbedeutend, daß im allgemeinen eine Unterscheidung überflüssig erscheint. Beispiele, die wir wieder einem ganz anderen Gebiet als dem der eigentlichen Physik entnehmen wollen, mögen dies näher erläutern.

In einer Stadt befinde sich ein Saal, in dem täglich Vorträge stattfinden mögen, und zwar, wie wir der Einfachheit halber annehmen wollen, täglich vor einer gleich großen Menge von Zuhörern. Wir wollen uns nun die Frage vorlegen, ob durch reinen Zufall eines Tages das Ereignis eintreten könnte, daß sich nur solche Zuhörer einfinden, deren Namen mit dem Anfangsbuchstaben M anfängt; dieses Ereignis wollen wir im folgenden kurz das M-Ereignis nennen. Wer als Laie nicht lange überlegt, wird wohl ohne weiteres die rein zufällige Möglichkeit eines solchen M-Ereignisses verneinen; die vollständige Antwort gibt uns aber doch erst folgende einfache Überlegung. Wir haben die täglich gleich bleibende Zuhörerzahl noch ganz willkürlich gelassen. Nehmen wir einmal an, daß die konstante Zuhörerzahl nur zwei betrage; nehmen wir weiter an, daß von den Einwohnern der Stadt etwa der zwanzigste Teil einen mit M beginnenden Familiennamen habe; dann ist die Wahrscheinlichkeit des M-Ereignisses bei einer Zahl von zwei Zuhörern ein Vierhundertstel, mit anderen Worten: auf durchschnittlich je 400 Vorträge wird einer kommen, bei dem das M-Ereignis eintritt. Wenn die Vorträge täglich stattfinden, wird also durchschnittlich alle 400 Tage das M-Ereignis wiederkehren; die Dauer von 400 Tagen bezeichnen wir daher als die durchschnittliche Wiederkehrzeit des M-Ereignisses bei zwei Zuhörern.

Ist die Zuhörerzahl nun nicht zwei, sondern drei, so wird die Wiederkehrzeit zwanzigmal so groß; erhöhen wir die Zuhörerzahl um je eins, so verzwanzigfacht sich dadurch stets die Wiederkehrzeit. Bei fünf Zuhörern würde sie bereits etwa 8000 Jahre betragen, bei sieben Zuhörern etwa 3 Millionen Jahre, bei zehn Zuhörern etwa 30 Milliarden Jahre, bei zwanzig Zuhörern etwa eine drittel Quadrillion Jahre. Bei hundert Zuhörern wäre die Wiederkehrzeit des M-Ereignisses durch eine Zahl von Jahren gegeben, die mit mehr als hundert Ziffern geschrieben werden müßte. Selbst wenn die Stadt mit Namen tragenden Einwohnern ein so hohes Alter hätte, wie es der Erde, ja dem Sonnensystem zugeschrieben werden muß, selbst wenn diese ganze Zeit hindurch täglich vor hundert Zuhörern Vorträge stattgefunden hätten, so wäre doch die Wahrscheinlichkeit ungeheuer gering, daß in diesem über alle Vorstellungen großen Zeitraum auch nur einmal der Fall eingetreten wäre, daß aus reinem Zufall sich zu einem

Vortrag nur Zuhörer mit dem Anfangsbuchstaben M eingefunden hätten.[17]

Wir werden daher von unserem menschlich-anthropomorphen Standpunkte aus, von dem aus mit noch größeren Zeiträumen zu rechnen keinen Sinn hätte, den rein zufälligen Eintritt des M-Ereignisses als ausgeschlossen bezeichnen. Ganz allgemein werden wir vom anthropomorphen Standpunkte aus, der natürlich kein absoluter ist, solche Ereignisse als durch Zufall unmöglich ansehen, deren Wiederkehrzeit über alle menschlichen Vorstellungen ungeheuer groß ist. Aus demselben Grunde werden wir es auch als praktisch unmöglich bezeichnen, daß rein zufällig in einem Vortragssaale die Zuhörer so sitzen, daß in der rechten Hälfte des Saales lauter Zuhörer mit Anfangsbuchstaben A bis K und in der linken Hälfte lauter Zuhörer mit Anfangsbuchstaben L bis Z sitzen.

Die Überlegungen, die wir angestellt haben, lassen sich wegen ihres allgemeinen Charakters aber nun ohne weiteres von Menschen auf Molekeln übertragen. So wie die Menschen verschiedene Anfangsbuchstaben ihrer Namen haben, so haben die Molekeln verschiedene Richtungen der Bewegung, so haben sie verschiedene Beträge der Geschwindigkeit.[18] Vom molekularstatistischen Standpunkte aus werden wir nun unter einem Vorgang, den die Experimentalphysik als Bewegungsvorgang (im engeren Sinne des Wortes) bezeichnet, einen Vorgang zu verstehen haben, bei dem sich eine ungeheuer große Zahl von Molekeln in derselben Richtung und mit derselben Geschwindigkeit bewegt. Ist dies der Fall, dann sprechen wir im Sinne der Experimentalphysik von Strömungen oder Wirbelbewegungen, die im Inneren von Gasen auftreten; es handelt sich dann um Vorgänge, die eine makromechanische Energie im Gegensatz zur mikromechanischen Wärmeenergie besitzen. Das Ereignis, daß durch reinen Zufall hundert in einem Augenblick benachbarte Molekeln die gleiche Bewegung haben, wäre mit dem früher besprochenen M-Ereignis zu vergleichen. Wie jenes wird auch dieses vom anthropomorphen Standpunkte aus als durch Zufall ausgeschlossen bezeichnet werden müssen; ja die Wahrscheinlichkeit dafür, daß in einem für den beobachtenden Experimentalphysiker scheinbar ruhigen Gase durch Zufall aus der Wärmebewegung ein grobmechanischer Vorgang entsteht, ist noch ungeheuer geringer als die Wahrscheinlichkeit des M-Ereignisses bei hundert Individuen; denn bei der Entstehung eines makromechanischen Vorganges müßten nicht bloß hundert, sondern viele, viele Millionen von Molekeln beteiligt sein.

Die Molekeln haben in ihrer regellosen, als Wärme bezeichneten Bewegung nicht nur verschiedene Richtungen, sondern, wie schon erwähnt, auch verschiedene Beträge der Geschwindigkeit. Wir wollen uns nun ein Gefäß denken, in dem ein Gas enthalten sei. Könnte es durch Zufall geschehen, daß in der rechten Hälfte vorwiegend die Molekeln sich befänden, deren Geschwindigkeitsbetrag größer ist als der durchschnittliche, und in der linken Hälfte die Molekeln, bei denen das Umgekehrte der Fall ist, dann würde dies eine zufällige Entstehung eines Temperaturunterschiedes bedeuten, indem die rechte Hälfte des Gefäßes wärmer, die linke kühler würde. Ein solches Ereignis erscheint ebenso praktisch ausgeschlossen wie die vorhin angegebene, durch Zufall geordnete Verteilung der Zuhörer auf die beiden Hälften eines Saales. Vom anthropomorphen Standpunkte aus, aber auch nur von diesem aus, werden wir es also als unmöglich bezeichnen, daß sich durch bloßen Zufall Wärmeenergie in grobmechanische umwandelt oder daß sich von selbst innerhalb eines überall gleich warmen Körpers Temperaturunterschiede ausbilden.

Wenn aber nun, ganz allgemein gesprochen, Gesamtheitszustände von größerer Wahrscheinlichkeit häufiger sind als solche von geringerer Wahrscheinlichkeit, dann muß natürlich jeder Gesamtheitszustand von geringer Wahrscheinlichkeit ein scheinbares Bestreben zeigen, in einen Gesamtheitszustand von größerer Wahrscheinlichkeit überzugehen. Der Experimentalphysiker muß daher von seinem anthropomorphen Standpunkte aus zu der Erkenntnis gelangen, daß grobmechanische Energie eine Tendenz zur Umwandlung in Wärmeenergie zeige, daß jeder grobmechanische Vorgang infolge von Reibung stets mit einer Wärmeentwicklung verbunden sein müsse, daß andererseits aber auch bestehende Temperaturunterschiede die Tendenz haben müßten, sich auszugleichen. Da also die zufällige Umwandlung von grobmechanischer Energie in Wärmeenergie eine der vollständigen Regelmäßigkeit gleichkommende Wahrscheinlichkeit besitzt, der umgekehrte Vorgang aber eine unter aller Vorstellungsmöglichkeit geringe Wahrscheinlichkeit, da dasselbe auch für den Ausgleich von Temperaturen und den umgekehrten Vorgang gilt, so muß alles natürliche Geschehen der anthropomorphen Physik als nicht umkehrbar oder, wie man auch sagt, als irreversibel erscheinen.

Diese Erkenntnis bildet aber den Inhalt eines Satzes, der in der Mitte des 19. Jahrhunderts der Wärmelehre als deren sogenannter zweiter Hauptsatz eingefügt wurde und der wegen der philosophischen Ausblicke, die er zu eröffnen schien, stets einen gewissermaßen mystischen Charakter hatte. Vom Standpunkte der modernen Molekularstatistik aus ist der zweite Hauptsatz eigentlich überhaupt kein Gesetz, sondern nur eine Regel, für deren Erfüllung allerdings stets eine der Sicherheit praktisch gleich kommende Wahrscheinlichkeit besteht. Als richtig kann der zweite Hauptsatz daher nur von einer Physik angesehen werden, die im Sinne der Worte eines griechischen Denkers[19] „an alle Dinge den Maßstab des Menschen anlegt". Als wahr kann der zweite Hauptsatz nur von einer Physik bezeichnet werden, die jede Behauptung wahr nennt, für die die Wahrscheinlichkeit einer Widerlegung durch die Erfahrung unter aller menschlichen Vorstellungsmöglichkeit klein ist. Hinsichtlich solcher Anwendungen, die über das dem Menschen Begreifbare hinausgehen, darf aber der zweite Hauptsatz nicht mehr volle Geltung beanspruchen. Diese neue Auffassung des zweiten Hauptsatzes geht auf BOLTZMANN zurück, der zuerst für den Satz, und zwar im Jahre 1866, eine atomistische Deutung fand, indem er ihn auf Wahrscheinlichkeitsbetrachtungen zurückführte.[20]

So vermag, wie wir gesehen haben, der menschliche Geist eine ordnende Wirkung des Zufalls nur dann zu begreifen, wenn die Zahl der individuellen Begebenheiten gering ist. Das Beispiel des von uns so genannten M-Ereignisses hat uns ja gezeigt, daß schon bei einer Zahl von nur hundert Individuen (die gewissermaßen zwanzig Sorten angehörten) der menschliche Geist außerstande ist, auch nur im entferntesten eine vorhandene Ordnung als Werk des Zufalls zu begreifen. Nun spielen sich aber infolge der außerordentlichen Kleinheit der Molekeln in der Luft eines Zimmers stets viele Quadrillionen individueller Vorgänge ab. Wollte man bei Systemen mit einer so ungeheueren Individuenzahl die Wiederkehrzeit einer zufälligen und grob-sinnlich wahrnehmbaren Ordnung angeben, so wäre die Zahl von Jahren, die die Wiederkehrzeit bestimmt, unvorstellbar groß. Sie wäre so ungeheuer groß, daß, wenn man sie auf einen Papierstreifen aufschreiben wollte, der von der Erde zum Monde gespannt wäre, man mit dem Anschreiben der Zahl noch lange, lange nicht fertig wäre, wenn man auch den Papierstreifen bis zum Mond beschrieben hätte.

Wie könnte nach dem eben Gesagten ein menschlicher Geist die Möglichkeit erfassen, daß die Ordnung des Weltalls durch einen Zufall aus dem Chaos der regellosen molekularen Wärmebewegung unseres Universums entstanden wäre? Aber das Unvermögen unseres Geistes, solches zu erfassen, kann keinen Beweis gegen eine solche Möglichkeit bilden. Über die Berechtigung einer derartigen Annahme kann nicht die Physik, sondern nur die Philosophie urteilen. Die theoretische Möglichkeit einer solchen Annahme hat die moderne Molekularstatistik erwiesen, freilich nur im Zusammenhang mit ihrer Unbegreifbarkeit.

*

Dritter Vortrag
Die Elektronentheorie

Die Begründung der elektromagnetischen Lichttheorie und die Schöpfung der mechanischen Wärmetheorie stellen die beiden großen Leistungen dar, die in dem Streben nach einer Vereinheitlichung des Naturbildes die theoretische Physik in der zweiten Hälfte des neunzehnten Jahrhunderts vollbrachte. Durch die MAXWELLsche Theorie war der Elektrizität die führende Rolle unter den Naturkräften zugefallen; andererseits verdankte die mechanische Wärmetheorie ihre großen Erfolge dem Prinzipe der Individualisierung in dessen Anwendung auf die Materie. Notwendigerweise mußte daher die weitere Entwicklung der Physik dazu führen, daß das als so fruchtbar erkannte Prinzip der Individualisierung nun auch in der Elektrizitätslehre verwertet wurde; und dies war offenbar nur möglich durch die Annahme kleiner individueller elektrischer Ladungen, die in einen Zusammenhang gebracht werden mußten mit den als Molekeln bezeichneten Individuen, in die die mechanische Wärmetheorie die Materie auflöste.

Andererseits zwangen schon lange die Grundtatsachen der Chemie zu der Folgerung, daß die Molekeln aus einer (im allgemeinen nicht großen) Zahl von sogenannten Atomen zusammengesetzt sind, deren es ebensoviel Arten geben soll, als die Chemie Grundstoffe kennt. Diese Hypothese ist schon im Jahre 1805 von DALTON aufgestellt worden; sie gründet sich auf ein empirisches, von DALTON entdecktes Gesetz, das als Gesetz der multiplen Proportionen bezeichnet wird und dessen Inhalt man etwa folgendermaßen ausdrücken kann: Es läßt sich jedem chemischen Grundstoff eine bestimmte, ihn charakterisierende Zahl derart zuordnen, daß die in einer chemischen Verbindung enthaltenen Mengen der Grundstoffe sich untereinander so verhalten wie ganzzahlige Vielfache der für die betreffenden Elemente charakteristischen Zahlen.

Das Gesetz der multiplen Proportionen findet nun eine sehr einfache Deutung durch die Annahme, daß die für die Grundstoffe charakteristischen Zahlen nichts anderes darstellen als die relativen Gewichte ihrer Atome und daß eben die Molekeln sich aus den Atomen der chemisch verbundenen Grundstoffe aufbauen. Man denkt sich also z. B. eine Wassermolekel gebildet aus zwei Wasserstoffatomen und einem Sauerstoffatom, wobei, auf Wasserstoff bezogen, das Atomgewicht des Sauerstoffs etwa 16 beträgt[1]; d. h. also, ein Sauerstoffatom ist etwa 16mal so schwer wie ein Wasserstoffatom. Die Schwefelsäuremolekel denkt man sich zusammengesetzt aus zwei Wasserstoffatomen, einem Schwefelatom und vier Sauerstoffatomen, und so fort.

Hatte so schon die DALTONsche Theorie als Bausteine der Materie die Atome der chemischen Grundstoffe hingestellt, so führten andererseits die Grundtatsachen der Elektrochemie allmählich zu der Erkenntnis, daß mit den Atomen bestimmte elektrische Ladungen verbunden sein müssen. Im Jahre 1833 hatte FARADAY einfache Gesetze für den Vorgang der Elektrolyse entdeckt, nämlich für die chemische Zerlegung von flüssigen Elektrizitätsleitern durch den elektrischen Strom.[2] Diese Erscheinung läßt sich dahin deuten, daß in den Elektrolyten die Molekeln ganz oder zum Teil in entgegengesetzt elektrisch geladene Bestandteile, in sogenannte Ionen[3], gespalten sind. Die Elektrizitätsleitung in Flüssigkeiten hat man sich als einen Transport solcher Ionen vorzustellen, die infolge ihrer entgegengesetzten elektrischen Ladungen in entgegengesetzten Richtungen wandern, so daß die positiven Ionen an der Austrittsstelle, die negativen an der Eintrittsstelle des Stromes ausgeschieden werden.[4]

Die von FARADAY entdeckten Gesetzmäßigkeiten der Elektrolyse[5] finden nun eine einfache Deutung durch die Annahme, daß jedem Wasserstoffatom im elektrisch geladenen, im sogenannten ionisierten Zustande stets ganz dieselbe Elektrizitätsmenge zukommt, die man heute das elektrische Elementarquantum nennt, und wenn man ferner annimmt, daß die Ladung jedes ganz beliebigen Ions gleich ist dem elektrischen Elementarquantum oder doppelt so groß oder dreimal so groß und so fort, je nach der sogenannten chemischen Wertigkeit des betreffenden Ions.[6]

Die Größe des elektrischen Elementarquantums kennen wir heute nach mannigfachen Methoden (die im vierten Vortrag besprochen werden sollen) sehr genau. Es ergeben ungefähr zwei Milliarden elektrischer Elementarquanten die sogenannte absolute elektrostatische Einheit der Elektrizitätsmenge, von deren Größe man eine Vorstellung dadurch gewinnt, daß die Ladungen von kleinen Holundermarkkügelchen, die man durch Reiben elektrisch macht, einige elektrostatische Einheiten betragen.[7]

Die Ladung eines ionisierten Wasserstoffatoms ist also absolut nicht groß, wohl aber relativ sehr beträchtlich wegen der außerordentlichen Kleinheit der Molekeln und Atome. Betrachten wir nämlich zwei ionisierte Wasserstoffatome, so wirken zwischen ihnen zwei verschiedene Kräfte, einerseits die Gravitationskraft, weil die beiden Atome infolge ihrer Massen gegeneinander gravitieren, andererseits eine elektrische Kraft, weil die beiden elektrischen Ladungen, die den ionisierten Atomen anhaften, aufeinander eine abstoßende Kraft ausüben; beide Kräfte sind hierbei umgekehrt proportional dem Quadrate der Entfernung der Atome. Durch eine einfache Rechnung findet man nun leicht, daß die elektrische Kraft zwischen den ionisierten Atomen ungefähr eine Sextillion mal so groß ist wie die Gravitationskraft zwischen ihnen, also ungefähr eine Trillion mal einer Trillion mal so stark.[8]

Die Erkenntnis, daß die Atome mit elektrischen Ladungen verbunden sein müssen, gewann eine ganz besondere Bedeutung durch zwei neue wichtige Begriffe, die um das Jahr 1880 der Elektrizitätstheorie eingefügt wurden; es sind dies die Begriffe des Konvektionsstromes und der elektromagnetischen Masse. Der Begriff des *Konvektionsstromes* ist aus der Untersuchung der Wirkungen hervorgegangen, die eine *bewegte elektrische Ladung* ausübt. Die Vermutung sprach dafür, daß die Bewegung eines geladenen Körpers einen elektrischen Strom darstelle und daß ein solcher Strom, den man eben Konvektionsstrom nannte, *dieselben Eigenschaften* habe, wie sie an *Leiterströmen* in Drähten empirisch festgestellt worden waren. Daß diese Vermutung in der Tat zutrifft, wurde schon im Jahre 1876 durch einen Versuch des amerikanischen Physikers ROWLAND bestätigt; dieser versetzte eine Platte, die mit elektrisch geladenen Stanniolsektoren belegt war, in rasche Rotation und vermochte dadurch eine in der Nähe befindliche Magnetnadel genau so abzulenken, wie dies durch Leiterströme bewirkt wird.

Aus der Erkenntnis, daß ein Konvektionsstrom ganz dieselben Eigenschaften besitzt wie ein Leiterstrom, vermochte aber nun im Jahre 1881 J. J. THOMSON eine überraschende Folgerung zu ziehen. Nach der MAXWELLschen Theorie der Elektrizität und des Magnetismus muß nämlich jedem elektrischen oder magnetischen Felde als solchem eine gewisse Energie zukommen. Andererseits erzeugt eine bewegte elektrische Ladung, weil sie einen Konvektionsstrom darstellt, durch ihre Bewegung ein Magnetfeld. Dieses Magnetfeld und daher auch seine Energie sind nur vorhanden, wenn sich die Ladung bewegt. Nach dem Satze von der Erhaltung der Energie kann aber diese Energie des Magnetfeldes unmöglich aus nichts entstehen. Es ist daher unbedingt ein Aufwand an Energie notwendig, um überhaupt eine elektrische Ladung in Bewegung zu versetzen. Eine elektrische Ladung besitzt also an sich die Eigenschaft, die als Trägheit, die als träge Masse bezeichnet wird. Denn daß etwa ein Stein eine träge Masse besitzt, äußert sich ja eben darin, daß ein Aufwand an Energie erforderlich ist, um ihn in Bewegung zu setzen, um ihm eine bestimmte Geschwindigkeit zu erteilen. Jede elektrische Ladung verhält sich demnach so, als ob sie eine bestimmte Masse hätte, die man als ihre elektromagnetische Masse bezeichnet. Die nähere Untersuchung zeigt, daß die elektromagnetische Masse proportional sein muß dem Quadrate der Ladung, und wofern die Ladung kugelförmig ist, umgekehrt proportional dem Halbmesser der Kugel[9]; je kleiner der Radius, desto größer die Masse.

Von dem Begriff der elektrischen Ladung ist also der Begriff der Masse überhaupt nicht zu trennen. Daraus folgt, daß jeder Konvektionsstrom unbedingt zugleich einen mechanischen Vorgang darstellen muß. Jeder Konvektionsstrom kann somit von zwei ganz verschiedenen Seiten betrachtet werden; es können auf ihn sowohl die Gesetze der Elektrizitätslehre als auch jene der Mechanik angewendet werden. Gerade diese gleichzeitige Anwendbarkeit beider Arten von Gesetzen auf denselben Vorgang, gerade dieser elektromagnetische Parallelismus schafft nun eine Reihe neuer Beziehungen, deren große Fruchtbarkeit offenbar wurde, als im Jahre 1895 der holländische Physiker LORENTZ die Elektronentheorie schuf.[10]

Die LORENTZsche Theorie gründet sich auf den Begriff des Konvektionsstromes. Sie nimmt an, daß in den Molekeln kleine bewegliche elektrische Ladungen enthalten seien, deren Lagenänderungen eben Konvektionsströme darstellen. Sie nimmt weiter auf Grund der elektrochemischen Gesetzmäßigkeiten an, daß diese Ladungen, die LORENTZ als Elektronen bezeichnete, je ein elektrisches Elementarquantum betragen.

Die LORENTZsche Theorie stellt eine Erweiterung der MAXWELLschen Theorie dar. Die wesentlichen, bewährten Grundlagen der MAXWELLschen Theorie werden beibehalten; aber durch die Einfügung der Elektronenhypothese wurde die elektromagnetische Theorie nun auch zu der Erklärung mancher Erscheinungen befähigt, denen gegenüber die ursprüngliche MAXWELLsche Theorie völlig versagt hatte. Nicht nur an den schon von FARADAY entdeckten elektrochemischen Gesetzmäßigkeiten war die MAXWELLsche Theorie achtlos vorübergegangen; auch die Erscheinungen der Entladung in verdünnten Gasen waren ihr fremd geblieben; und vor allem gab es auch in der Optik eine längst bekannte Tatsache, die eine Weiterbildung der MAXWELLschen Theorie unbedingt erforderte. Es war das Phänomen der Farbenzerstreuung oder der Dispersion des Lichtes.

NEWTON, der sich zuerst in exakter Weise mit dieser Erscheinung befaßte, hat bereits die wichtige Entdeckung gemacht, daß Licht von verschiedener Periodizität in verschiedenem Grade gebrochen wird. Die Erklärung dieser Tatsache bereitete aber nun sowohl der elastischen Lichttheorie als auch der MAXWELLschen Theorie in deren ursprünglicher Fassung die größten Schwierigkeiten. Hingegen ergab sich die Möglichkeit einer Erklärung durch die Annahme, daß im Inneren der Molekeln elektrisch geladene und mit träger Masse ausgestattete Teilchen enthalten seien, die ihrerseits periodisch verlaufende Bewegungen ausführen. Wird nämlich ein solches elektrisch geladenes Teilchen (also ein Elektron im Sinne der LORENTZschen Theorie) von einer Lichtwelle getroffen, so wirkt darauf eine Kraft, die Richtung oder Betrag oder beides periodisch ändert; denn eine Lichtwelle ist ja nichts anderes als ein räumlich und zeitlich periodisch veränderliches elektrisches Feld. Da also auf das von einer Lichtwelle getroffene Elektron eine periodisch veränderliche Kraft wirkt, während das Elektron selbst eine periodische Bewegung ausführt, so muß es wegen des Zusammentreffens zweier periodischer Vorgänge zu Erscheinungen von der Art kommen, die man in der Akustik als Resonanz, allgemein als erzwungene Schwingungen[11] bezeichnet. Auf diese Vorstellung vermochte nun LORENTZ (worauf hier nicht näher eingegangen werden kann) eine Theorie der Dispersion zu gründen, die, wenn sie auch in vieler Hinsicht noch einer Vervollkommnung bedurfte, doch bereits in ziemlich guter Übereinstimmung mit der Erfahrung stand.

Auf Grund der LORENTZschen Theorie konnte auch eine bedeutungsvolle optische Entdeckung erklärt werden, die im Jahre 1896 dem holländischen Physiker ZEEMAN glückte; es ist dies die Zerlegung von Spektrallinien in einem Magnetfelde. Der sogenannte ZEEMAN-Effekt ist im allgemeinen recht kompliziert. Im einfachsten Falle besteht er darin, daß eine Spektrallinie in einem Magnetfelde in zwei Linien zerlegt wird, die von der Lage der ursprünglichen Linie nach beiden Seiten gleich weit abstehen. Diese merkwürdige Erscheinung ließ sich nun aus der von LORENTZ entwickelten Elektronentheorie rein mathematisch ableiten, so daß man in dem ZEEMAN-Effekt eine glänzende experimentelle Bestätigung der LORENTZschen Theorie erblicken mußte.

Aus der näheren Untersuchung des ZEEMAN-Effektes folgte zunächst, daß er durch negativ elektrische Teilchen hervorgerufen werden muß. Überdies ergab sich aber aus den Ausmessungen, daß bei den den Effekt verursachenden elektrischen Teilchen das Verhältnis der Ladung zur Masse, die sogenannte spezifische Ladung, etwa 1800mal größer ist als bei den ionisierten Wasserstoffatomen. Nahm man also an, daß die elektrischen Teilchen mit je einem elektrischen Elementarquantum geladen sind, so war man zu der überraschenden Folgerung gezwungen, daß die Masse der Teilchen noch 1800mal kleiner ist als die des Wasserstoffatoms, die man bis dahin für die kleinste überhaupt mögliche Masse gehalten hatte.

Diese merkwürdige Folgerung fand aber nun schon in den allernächsten Jahren eine vollkommene Bestätigung durch die Ergebnisse, zu denen die nähere Untersuchung der sogenannten Kathodenstrahlen führte. Die Kathodenstrahlen, die im Jahre 1869 durch Hittorf entdeckt worden waren, treten in Entladungsröhren auf, die stark verdünnte Gase enthalten, und zwar gehen sie von der Stelle aus, an der der elektrische Strom aus der Röhre austritt, von der Kathode. Die Kathodenstrahlen breiten sich geradlinig aus; ein in ihren Weg gestellter Gegenstand wirft daher einen Schatten; aber ihre merkwürdigste Eigenschaft ist, daß sie durch einen Magneten leicht abgelenkt werden. Später fand man, daß sie auch in einem elektrischen Felde eine Ablenkung erfahren, und schließlich stellte sich auch heraus, daß Körper, die von Kathodenstrahlen getroffen werden, dadurch negativ elektrisch werden.

Diese Eigenschaften der Kathodenstrahlen lassen sich nun sehr einfach durch die Annahme erklären, daß sie aus rasch bewegten, elektrisch geladenen Teilchen bestehen, die zugleich eine träge Masse besitzen. In der Tat folgt aus der Trägheit ohne weiteres die geradlinige Ausbreitung, aus der elektrischen Ladung die Ablenkung in einem elektrischen Felde. Da andererseits aber die in rascher Bewegung begriffenen elektrischen Teilchen Konvektionsströme darstellen, müssen sie als solche im Magnetfeld eine Ablenkung erfahren, genau so wie eine bewegliche Stromspirale durch einen Magneten angezogen oder abgestoßen wird.

Durch die Ausmessungen der Ablenkungen im elektrischen und magnetischen Felde konnten aber nun zwei für die Kathodenstrahlen wesentliche Größen bestimmt werden, einerseits die Geschwindigkeit und andererseits die spezifische Ladung der Kathodenstrahlteilchen, also das Verhältnis zwischen ihrer Ladung und ihrer Masse. Die Ergebnisse waren sehr merkwürdig. Es zeigte sich nämlich, daß die so ermittelte

Geschwindigkeit der Kathodenstrahlen ungeheuer groß ist, daß sie bis zu einem Drittel der Lichtgeschwindigkeit beträgt, die ihrerseits ja gleich 300000 km in der Sekunde ist. Die Kathodenstrahlteilchen bewegen sich also so rasch, daß sie zur Zurücklegung des Weges von der Erde zur Sonne nur ungefähr eine halbe Stunde brauchen würden. Für die spezifische Ladung der Kathodenstrahlteilchen ergab sich aber nahezu derselbe Wert wie bei den hypothetischen Teilchen, in denen die Elektronentheorie die Ursache des ZEEMAN-Effektes erblickte. Daraus mußte der Schluß gezogen werden, daß die den ZEEMAN-Effekt hervorrufenden Teilchen identisch seien mit den Kathodenstrahlteilchen, nur mit dem Unterschiede eben, daß diese Bestandteile des Atoms in dem einen Falle an die Atome gebunden sind, während sie im anderen Falle, von den Atomen losgelöst, frei den Raum durcheilen.

Das Gegenstück zu den Kathodenstrahlen bilden die sogenannten positiven Strahlen, die ebenfalls bei hoher Verdünnung in Entladungsröhren auftreten und unter denen die sogenannten Kanalstrahlen am wichtigsten sind.[12] Sie werden im elektrischen und im magnetischen Felde ebenso wie die Kathodenstrahlen abgelenkt, jedoch in entgegengesetztem Sinne; es mußte daraus gefolgert werden, daß sie aus positiv elektrischen Teilchen bestehen. Geschwindigkeit und spezifische Ladung konnten nach derselben Methode wie bei den Kathodenstrahlen bestimmt werden. Man fand, daß die positiven Strahlen langsamer sind als die Kathodenstrahlen; ihre Geschwindigkeit beträgt nur einige Tausendstel der Lichtgeschwindigkeit. Für die spezifische Ladung aber ergaben sich bei den positiven Strahlen Werte von derselben Größenordnung wie bei elektrolytischen Ionen. Die Masse der positiven Teilchen muß also ungefähr ebenso groß angenommen werden wie die Masse der Atome selbst.

Bei mannigfachen Phänomenen waren so als die eigentlichen Erzeuger der Erscheinungen negativ elektrische Elektronen erkannt worden, Teilchen, deren Masse nur einen winzigen Bruchteil der Masse eines Atoms bildet. Andererseits zeigen die Eigenschaften der positiven Strahlen, daß es positiv elektrische Teilchen gibt, deren Masse von der Größenordnung der Atommasse ist. Daß nun solche positive und negative Ladungen aber tatsächlich die Bestandteile darstellen, aus denen sich die Atome aller Elemente zusammensetzen, ist durch die Erscheinungen der Radioaktivität offenbar geworden.

Wenige Monate nach der Entdeckung der Röntgenstrahlen machte Becquerel die überraschende Beobachtung, daß Verbindungen des Metalls Uran ohne jede Einwirkung von außen ständig Strahlen aussenden, die imstande sind, eine photographische Platte durch eine undurchsichtige Hülle hindurch zu schwärzen und weiterhin auch imstande sind, die Luft leitend zu machen und dadurch ein in der Nähe aufgestelltes geladenes Elektroskop zu entladen. Substanzen, die wie die Verbindungen von Uran und Thorium solche Strahlen aussenden, bezeichnet man als radioaktiv. Im Jahre 1898 entdeckten nun Pierre Curie und seine Gattin Marya nach langwierigen und mühevollen Untersuchungen, daß in der Pechblende, aus der das Uran gewonnen wird, in sehr geringer Menge ein bis dahin noch unbekanntes Element enthalten sei, das eine noch millionenmal stärkere Radioaktivität besitzt als das Uran selbst; das neue Element erhielt den Namen Radium.[13]

Die nächsten Jahre nach der Entdeckung des Radiums brachten Klarheit über das Wesen der von den radioaktiven Substanzen ausgehenden Strahlen. Es zeigte sich, daß diese Strahlen von dreierlei Art sind. Man unterscheidet sie als α-, β- und γ-Strahlen. Die β-Strahlen sind den vorhin besprochenen Kathodenstrahlen ähnlich, die α-Strahlen den vorhin erwähnten positiven Strahlen, die γ-Strahlen den Röntgenstrahlen. Die Gamma-Strahlen sind (wie schon im ersten Vortrage erwähnt wurde) besonders kurzwellige Röntgenstrahlen; ihre Schwingungszahl liegt, wie man seit Laues Entdeckung weiß, zumindest bis zu 17 Oktaven höher als die des sichtbaren violetten Lichtes. Sie beträgt bis über 10^{20} in der Sekunde.

Im Gegensatze zu den γ-Strahlen, die eine Art Licht darstellen, bestehen sowohl die α- als auch die β-Strahlen aus elektrisch geladenen und mit träger Masse ausgestatteten Teilchen. Den Beweis für die Richtigkeit dieser Auffassung liefert die Tatsache, daß sowohl α- als auch β-Strahlen durch einen Magneten abgelenkt werden. Die Beta-Strahlen sind aus negativ geladenen Teilchen zusammengesetzt, für deren spezifische Ladung sich derselbe Wert ergab wie bei den Kathodenstrahlen; die β-Strahlen bestehen also offenbar aus Elektronen. Die Geschwindigkeit der β-Strahlen ist noch größer als die auch schon ungeheuere Geschwindigkeit der Kathodenstrahlen; sie beträgt zwischen 30 und 99,8 Prozent der Lichtgeschwindigkeit. Für die aus positiven Teilchen zusammengesetzten Alpha-Strahlen haben die Messungen Geschwindigkeiten zwischen etwa 5 und 7 Prozent der Lichtgeschwindigkeit ergeben; sie bewegen sich also langsamer als die β-Strahlen, aber immerhin rascher als die positiven Strahlen, denen sie im übrigen in ihrem Wesen gleichen. Die Natur der α-Strahlen selbst ist durch Beobachtungen eines merkwürdigen Phänomens enthüllt worden, das man als Szintillation bezeichnet.[14]

Bringt man nämlich in die Nähe eines radioaktiven Präparates einen Schirm, auf dessen Oberfläche Zinkblende aufgetragen ist, dann zeigt sich ein ständiges Aufblitzen einzelner Lichtpunkte. Es liegt die Annahme nahe, daß jeder Lichtblitz durch das Auftreffen je eines α-Teilchens verursacht wird. Indem man ein winziges Stück des Schirmes unter dem Mikroskop betrachtete, war man so imstande, die von einem aktiven Präparate in einer bestimmten Zeit ausgesandten Alpha-Teilchen direkt zu zählen.[15] Andererseits konnte man auch wieder die gesamte Ladung bestimmen, die die Strahlen mit sich führen.[16] So wurde es möglich, die Ladung eines einzelnen Alpha-Teilchens direkt zu ermitteln, und dafür ergab sich nun mit großer Genauigkeit ein Wert von zwei positiven elektrischen Elementarquanten. Aus den Beobachtungen über die elektrische und magnetische Ablenkung der α-Strahlen ist wiederum die spezifische Ladung der α-Teilchen bekannt, also das Verhältnis ihrer Ladung zu ihrer Masse. War demnach der Wert der Ladung ermittelt, so war damit auch der Wert der Masse gegeben. Da ergab sich nun die überraschende Tatsache, daß die α-Teilchen dieselbe Masse besitzen wie die Atome des Gases Helium[17], dessen Atomgewicht vier beträgt und das nächst Wasserstoff das leichteste chemische Element ist. Die α-Teilchen sind demnach offenbar nichts anderes als Heliumatome, die allerdings nicht wie die gewöhnlichen in elektrischer Hinsicht neutral sind, sondern mit je zwei positiven Elementarquanten geladen erscheinen.

Die merkwürdigste Erscheinung, die man neben der Aussendung der drei Strahlenarten am Radium beobachtete und die zunächst das allergrößte Rätsel darstellte, ist die ständige ungeheure Wärmeentwicklung des Radiums; sie ist so groß, daß eine Menge Radium alle drei Viertelstunden von neuem eine gleich große Masse Wasser vom Schmelzpunkt bis zum Siedepunkt zu erhitzen vermöchte. Die Frage nach dem Ursprung der verhältnismäßig so ungeheuren Energie, die in der Strahlung oder der Wärmeentwicklung zum Vorschein kommt, mußte mit Recht das größte Interesse der Physiker erwecken, und dieses Interesse mußte noch erhöht werden durch den merkwürdigen Umstand, daß die radioaktive Strahlung durch äußere Umstände, wie namentlich durch Temperaturänderungen in keiner Weise beeinflußt wird, daß sie auch völlig unabhängig ist von der Art der chemischen Verbindung des radioaktiven Metalls.[18] Es mußte auch auffallen, daß Radioaktivität gerade bei den Elementen mit den höchsten Atomgewichten (Radium, Thorium, Uran[19]) beobachtet wurde. Den eigentlichen Weg zur Lösung aller dieser Rätsel wies aber erst die bedeutungsvolle Entdeckung der Emanationen.

Schon bald nach der Entdeckung des Radiums hatte das Ehepaar Curie beobachtet, daß Körper, die sich in demselben Raume mit Radium befanden, selbst radioaktiv wurden. Diese Erscheinung, die man zunächst (mit einem heute nicht mehr recht passenden Namen) als induzierte Radioaktivität bezeichnete, wurde dann von Rutherford genauer bei dem Thorium untersucht; er stellte nun im Jahre 1900 die überraschende Tatsache fest, daß die von dem Thorium induzierte Aktivität durch das Vorhandensein eines selbst radioaktiven Gases bedingt ist, das sich ständig aus dem Thorium entwickelt. Rutherford bezeichnete dieses Gas als Thoriumemanation. Überdies fand aber Rutherford, daß auch die Emanation, wenn man sie von dem Thorium trennt, verschwindet und daß sich aus ihr ein radioaktiver Niederschlag bildet, der als ein infolge seiner äußerst feinen Verteilung unsichtbarer Belag die Oberflächen aller Körper überzieht, die mit der Emanation in Berührung standen. Ähnliche

Erscheinungen wie bei dem Thorium wurden bei dem Radium gefunden, dessen Emanation kurz nach der des Thoriums entdeckt wurde. Es wurde festgestellt, daß sich aus der Radiumemanation wiederum andere radioaktive, feste Stoffe bei gleichzeitiger Aussendung von Strahlen der Reihe nach bilden. Sie treten in so verschwindend geringer Menge auf, daß man sie nicht anders messen kann als durch den Ladungsverlust, den infolge ihrer Strahlung ein in ihrer Nähe aufgestelltes geladenes Elektroskop erfährt. Aber immerhin ließ sich der Aggregatzustand all dieser Stoffe erkennen, ihr Schmelzpunkt oder ihr Siedepunkt ermitteln und auch ihre Löslichkeit in verschiedenen Säuren beurteilen.

Auf Grund aller dieser Beobachtungen stellten im Jahre 1902 RUTHERFORD und SODDY eine Theorie der Radioaktivität auf, die sich zwar durch große Einfachheit auszeichnete, die andererseits aber einen völligen Bruch mit bis dahin tief eingewurzelten und grundlegenden Vorstellungen der Physik und der Chemie bedeutete. Die Theorie von RUTHERFORD und SODDY, die als die Zerfallstheorie bezeichnet wird, beruht nämlich auf der Annahme einer Umwandlung der Atome der radioaktiven Substanzen.

Diese Theorie denkt sich die Atome aus positiv und negativ elektrischen Teilchen zusammengesetzt, deren Zahl und geometrische Anordnung den Charakter des betreffenden chemischen Elementes bestimmen sollen. Trotz der Kleinheit dieser Ladungen müssen doch infolge der sehr geringen Entfernungen verhältnismäßig starke anziehende und abstoßende Kräfte zwischen ihnen wirken[20]; dem Atom muß infolgedessen eine große innere Energie zukommen. Ist nun die Gleichgewichtslage, ist die Figuration, zu der die elektrischen Teilchen im Atom (oder in einem Teilbereiche des Atoms) angeordnet sind, nicht völlig stabil, so kann es vorkommen, daß sich die elektrischen Teilchen zu einer neuen Gleichgewichtslage umgruppieren. Dies würde aber die Bildung eines neuen chemischen Elementes bedeuten, das sich seinerseits natürlich wiederum in ein anderes Element verwandeln kann, und zwar um so rascher, je labiler seine Atome sind.

Bei der Umgruppierung der elektrischen Teilchen im Atom können negative oder positive Partikeln oder beide weggeschleudert werden, was infolge der verhältnismäßig enormen inneren Energie des Atoms mit ungeheurer Geschwindigkeit geschehen müßte. Daraus erklärt sich die Aussendung der β- und α-Strahlen; die Emission der γ-Strahlen ist wieder durch die elektromagnetischen Impulse begründet, die bei der Aussendung der beiden anderen Strahlenarten entstehen. Nun hat aber jedes α-Teilchen, wie schon erwähnt wurde, eine Masse von vier Wasserstoffatomen; es müßte daher das neue Element, das sich bei einer mit α-Strahlung verbundenen radioaktiven Umwandlung bildet, ein um vier (oder 8 oder 12) Einheiten niedrigeres Atomgewicht besitzen als die sogenannte Muttersubstanz und umgekehrt. In der Tat wurde das Atomgewicht der Radium-Emanation (222) um 4 niedriger befunden als das des Radiums und dieses um 12 niedriger als das des Urans (238).

Daß die Teilchen der α-Strahlen tatsächlich, wie schon ihre Masse vermuten läßt, nach erfolgter Neutralisierung ihrer Ladung mit Atomen des Gases Helium vollkommen identisch sind, ist durch RUTHERFORD im Jahre 1908 direkt auf spektroskopischem Wege gezeigt worden. Früher schon, im Jahre 1903, hatten RAMSAY und SODDY die Entstehung von Helium bei dem Zerfall der Radium-Emanation nachgewiesen und damit zuerst entdeckt, daß ein schon bekanntes Element aus einem anderen entstehen kann.[21]

Die Zeit, innerhalb deren sich eine beliebige Menge einer Substanz infolge des Zerfalls ihrer Atome auf die Hälfte vermindert, bezeichnet man als die Halbwertszeit der betreffenden Substanz. Für viele radioaktive Substanzen läßt sich die Halbwertszeit durch Beobachtung der Abnahme des Strahlungsvermögens ermitteln, für Radium auch (worauf hier nicht näher eingegangen werden soll) durch Zählung der emittierten α-Teilchen berechnen. Die Halbwertszeit beträgt für Radium 1580 Jahre, für die Radium-Emanation etwa 4 Tage, für die Thorium-Emanation gar nur etwa eine Minute. Für Substanzen von geringer Radioaktivität kann die Halbwertszeit auf Grund einer theoretisch ableitbaren Beziehung berechnet werden; es müssen sich nämlich die Mengen von Muttersubstanz und Umwandlungsprodukt, die in einem Präparat enthalten sind, zueinander so verhalten wie die Halbwertszeiten der beiden Substanzen. So hat man z. B. gefunden, daß auf ein Gramm Uran in allen Uranerzen ein Gehalt an Radium von etwa dem dreimillionsten Teil eines Gramms kommt. Die Halbwertszeit des Urans muß daher etwa dreimillionenmal so groß sein wie die des Radiums, demnach etwa vier Milliarden Jahre betragen. Von einer Billion Uranatomen würde danach durchschnittlich erst etwa jeden zweiten Tag je eines zerfallen.

Durch die Entdeckung der radioaktiven Vorgänge hat der Begriff des chemischen Elementes eine völlige Umgestaltung erfahren. Das während des 19. Jahrhunderts unantastbare Dogma von der absoluten, starren Unwandelbarkeit der Elemente ist gefallen; eine Umwandlung der Elemente erscheint heute nicht nur möglich, sondern zweifellos festgestellt. Vor allem hat aber die neue Physik zu der Erkenntnis geführt, daß die mannigfachen Elemente, die die Chemie unterscheidet, doch völlig einheitlicher Natur sind. Denn sie setzen sich alle aus positiv und negativ elektrischen Teilchen zusammen, und verschieden ist nur deren Anordnung und Zahl. Jedenfalls muß nun die gesamte positive Ladung des Atoms, wofern dieses nach außen hin neutral erscheinen soll, ebensogroß sein wie die Summe der Ladungen aller im Atom enthaltenen Elektronen. Der Atomtheorie entstand somit ein grundlegendes Problem in der Frage, wie die positive Ladung im Atom verteilt zu denken sei. Über diese Frage gaben nun merkwürdige experimentelle Forschungsergebnisse des englischen Physikers C. T. R. Wilson Aufschluß.

Die nähere Untersuchung der α-Strahlen zeigte nämlich, daß jedes einzelne α-Teilchen infolge seiner elektrischen Ladung in der Luft Kondensationskerne für Wassertropfen erzeugen kann.[22] Durch eine geeignete Versuchsanordnung konnte es daher Wilson erreichen, daß die Bahnen der einzelnen α-Teilchen als feine Nebelstreifen erschienen. Deren photographische Aufnahme liefert somit ein Bild der Bahnen der α-Teilchen selbst. Die Photographien (Fig. 2 und 3) zeigen im allgemeinen gerade Linien, von denen jedoch manche um ziemlich große Winkel geknickt erscheinen. Es ist daher sehr wahrscheinlich, daß diese großen Ablenkungen von einem einzigen Zusammenstoß zwischen einem α-Teilchen und einem Atom herrühren. Andererseits durchdringen aber nun α-Strahlen gewöhnliche Luft einige Zentimeter weit, und daraus folgt, daß ein α-Teilchen durch viele Tausende von Atomen hindurchgeht. Auf Grund der WILSONschen Photographien mußte somit angenommen werden, daß ein α-Teilchen viele Tausende von Atomen durchqueren kann, ohne eine merkliche Änderung seiner Richtung zu erfahren, während bisweilen ein

Fig. 2

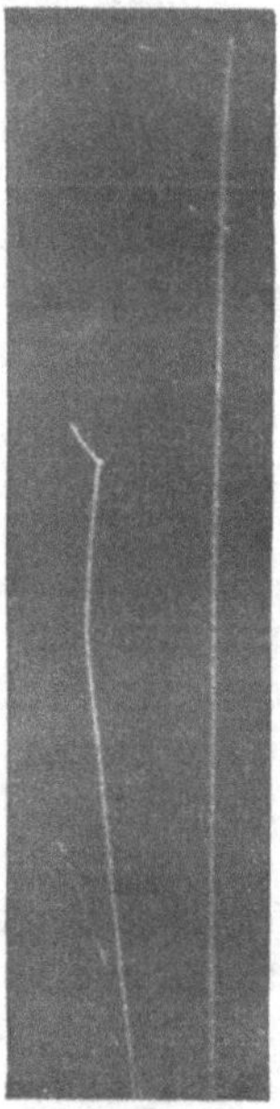

Fig. 3

einziges Atom eine Ablenkung um sehr große Winkel hervorruft. Diese merkwürdige Tatsache läßt sich nun einfach durch die Annahme erklären, daß die Ablenkung die Folge einer abstoßenden Kraft ist, die auf das positive α-Teilchen die positive Ladung des durchquerten Atoms ausübt und daß diese positive Ladung in einem Volumen konzentriert ist, das nur einen sehr kleinen Teil des gesamten Volumens des Atoms bildet. Die WILSONschen Versuche stellen eine bedeutungsvolle Bestätigung einer Atomtheorie dar, die schon früher von RUTHERFORD ausgebildet worden war und derzufolge die positive Elektrizität den Atomkern darstellt, um den Elektronen wie Planeten um die Sonne kreisen.[23] Die weitere Ausgestaltung der RUTHERFORDschen Theorie ist allerdings erst auf Grund des in dem nächsten Vortrage zu besprechenden Quantenprinzipes möglich gewesen.

Das einfachste überhaupt denkbare Atommodell ist nun jedenfalls ein solches, bei dem sich ein einziges Elektron um einen Atomkern bewegt, dessen Ladung ein positives Elementarquantum beträgt. Es lag der Gedanke nahe, ein solches Modell dem leichtesten aller Atome, dem Wasserstoffatom, zuzuschreiben, und in der Tat zeigten sich alle Folgerungen, die aus dieser Annahme theoretisch gewonnen werden können, durch die Erfahrung vollauf bestätigt. Die positiven Urteilchen der Materie, die heute allgemein als Protonen bezeichnet werden, erweisen sich demnach als mit den Wasserstoffkernen identisch.

Durch die Elektronentheorie hat ein ebenso alter wie fundamentaler Begriff der Naturphilosophie völlig den Sinn geändert, den er durch viele Jahrhunderte hatte. Der Begriff der Materie existiert für die moderne Physik nicht mehr in seiner ursprünglichen Bedeutung. Bis vor kurzem hatte noch die Physik der massigen Materie die Elektrizität gegenübergestellt, in der sie nichts weiter als einen Zustand der massigen Materie erblickte. Die neueren Forschungen haben gezeigt, daß die Massigkeit überhaupt nur eine Folge des elektrischen Zustandes ist. In dem modernen System der Physik steht die Elektrizität nicht mehr an der Seite der Materie; sie ist an deren Stelle gerückt. In der Elektrizität darf die neue Physik den von den Forschern durch Jahrtausende gesuchten[24], einheitlichen Urstoff erblicken, aus dem alle sinnlich wahrnehmbaren Dinge gebildet sind.

*

Vierter Vortrag
Die Quantentheorie

In der kinetischen Wärmelehre und in der Elektronentheorie hatte das atomistische Prinzip bereits seine außerordentliche Fruchtbarkeit erwiesen durch seine Anwendung auf den inneren Bewegungszustand der Materie und auf die Elektrizität. Aus dem Bestreben, dem so bewährten Prinzip eine noch weitere und allgemeinere Ausdehnung zu geben, ist die Quantentheorie entstanden. Sie ist im Jahre 1900 aus einer Frage der Wärmestrahlungstheorie hervorgegangen und hat seitdem in rascher, noch lange nicht abgeschlossener Entwicklung die Physiker von Erfolg zu Erfolg geführt. Sie ermöglichte nicht nur die Aufstellung eines allgemeinen Strahlungsgesetzes, sie führte auch zu neuen Vorstellungen über die Ausbreitung des Lichtes. Sie erklärte das für die klassische Physik unverständliche Verhalten der Körper bei tiefsten Temperaturen. Die großartigsten Triumphe waren aber der Quantentheorie auf einem Gebiete beschieden, das überhaupt erst durch sie dem System der theoretischen Physik eingefügt wurde. Es ist die Lehre von den Spektralerscheinungen, durch die der innere Aufbau der Atome enthüllt wurde.

Die kinetische Wärmetheorie und die Elektronentheorie hatten das atomistische Prinzip auf die Gegenstände des physikalischen Geschehens angewendet; die Quantentheorie überträgt das atomistische Prinzip auf die physikalischen Prozesse selbst. Wie schon früher die Physik ihren Betrachtungen ein Elementarquantum der Masse und eines der Elektrizität zugrunde gelegt hatte, so elementarisiert die Quantentheorie eine physikalische Größe, die in gewissem Sinne die physikalischen Prozesse als solche mißt und deren große Bedeutung die Physiker schon im 18. Jahrhundert erkannt hatten; es ist die sogenannte Wirkung eines Prozesses, die durch Multiplikation von Energiebeträgen mit Zeitbeträgen erhalten wird. Die Quantentheorie beruht nun auf der Annahme, daß sich die Wirkung physikalischer Vorgänge aus elementaren Wirkungsquanten zusammensetze.[1]

Zur Anwendung gelangte dieser Gedanke zuerst in der Theorie der Wärmestrahlung. Vom modernen Standpunkte erscheint die Strahlungstheorie als die Lehre von den Wechselbeziehungen und Wechselwirkungen zwischen den den Raum erfüllenden elektromagnetischen Wellen und den mikromechanischen Vorgängen, die die Experimentalphysik als Wärme bezeichnet. Die Grundlage der neueren Strahlungstheorie bildet ein wichtiges Gesetz, das im Jahre 1859 von KIRCHHOFF aufgestellt wurde; es betrifft das sogenannte Emissionsvermögen. Man versteht darunter den Betrag der von einem warmen Körper ausgestrahlten Energie, bezogen auf eine Sekunde und auf ein Quadratzentimeter der Oberfläche des Körpers. KIRCHHOFF gelangte nun zu der Erkenntnis, daß das Emissionsvermögen eines Körpers außer von der Temperatur lediglich davon abhängt, in welchem Grade der Körper auf ihn fallende Wärmestrahlung absorbiert. Absorbiert er die Wärmestrahlung, also, wie wir heute sagen müssen, auf ihn auftreffende elektromagnetische Wellen vollkommen, so daß von den Wellen nichts reflektiert wird, so nennt man den Körper vollkommen schwarz.[2] Das Emissionsvermögen eines schwarzen Körpers hängt also nach KIRCHHOFF einzig und allein von der Temperatur ab.[3]

Welcher Art nun diese Abhängigkeit ist, hat zuerst STEFAN im Jahre 1879 entdeckt, und für die von ihm aufgefundene Gesetzmäßigkeit hat dann BOLTZMANN zuerst eine exakte theoretische Begründung gegeben.[4] Nach dem sogenannten STEFAN-BOLTZMANNschen Gesetz ist das Emissionsvermögen eines Körpers der vierten Potenz der absoluten Temperatur des Körpers proportional. Das Verhältnis zwischen dem Emissionsvermögen eines schwarzen Körpers und der vierten Potenz seiner absoluten Temperatur muß daher eine universelle Konstante darstellen, die man die STEFANsche Konstante nennt. Man kann ihren Wert ermitteln, indem man die Abkühlung eines heißen Körpers beobachtet.

Die Strahlung, die von einem warmen Körper ausgeht, setzt sich nun aus elektromagnetischen Wellen von den mannigfachsten Perioden, von den verschiedensten Wellenlängen zusammen; die Gesamtheit aller möglichen Perioden, aller möglichen Wellenlängen, von den kürzesten bis zu den längsten, bezeichnet man als das Spektrum im weitesten Sinne dieses Wortes. Daß indessen in der Strahlung eines warmen Körpers keineswegs alle Teile des Spektrums gleich intensiv vertreten sind, daß auch deren Anteile an der gesamten Strahlung sich mit der Temperatur ändern, geht schon aus einer alltäglichen Beobachtung hervor. Wenn ein Körper erwärmt wird, so sendet er zunächst nur dunkle Wärmestrahlen aus, weil der dem Auge sichtbare Teil des Spektrums nur unmerklich in der Strahlung vertreten ist. Erst bei 525° C (über dem Schmelzpunkt des Eises) beginnen die Körper sichtbar zu glühen[5], zunächst in Rotglut, die dann bei fortgesetzter Steigerung der Temperatur allmählich in Gelbglut und schließlich in Weißglut übergeht.

Der theoretischen Physik entstand somit ein wichtiges, freilich auch äußerst schwieriges Problem in der Frage nach der spektralen Verteilung der Strahlungsenergie. Der Sinn dieser Frage möge durch ein Beispiel erläutert werden, das einem der Physik ganz fernstehenden Gebiete entnommen werde. Die Volkswirtschaftslehre untersucht die Verteilung des Volkseinkommens auf die verschiedenen Einkommenstufen. Sie konstruiert Stufen des jährlichen Einkommens, die um einen konstanten Betrag (von etwa hundert Mark) steigen mögen, und legt sich nun die Frage vor, welche prozentuellen Bruchteile des gesamten jährlichen Volkseinkommens auf die einzelnen Einkommenstufen entfallen. Jedenfalls wird dann eine Stufe dadurch ausgezeichnet sein, daß ihr prozentueller Anteil am gesamten Volkseinkommen am größten ist. In ganz analoger Weise kann die theoretische Physik das Spektrum nach Wellenlängen abstufen[6] und die grundlegende Frage untersuchen, welche Anteile an der gesamten von einem Körper ausgestrahlten Energie, welche Anteile also an dem gesamten Emissionsvermögen, den einzelnen Stufen des Spektrums bei bestimmten Temperaturen zukommen; auch da wird es sich zeigen, daß es in jedem Falle eine bestimmte Stufe des Spektrums gibt, für die dieser Anteil am größten ist. Indem man die Stufen recht klein wählt, läßt sich derart eine bestimmte Wellenlänge ermitteln, für die das sogenannte spezifische Emissionsvermögen am größten ist.

Im Jahre 1893 hat nun WIEN auf theoretischem Wege die wichtige Entdeckung gemacht, daß das Produkt aus dieser Wellenlänge und der absoluten Temperatur des strahlenden Körpers eine universelle Konstante darstellt, die man die WIENsche Konstante nennt. Je höher die Temperatur, desto kleiner ist daher die ausgezeichnete Wellenlänge. Die ihr entsprechende Stelle im Spektrum verschiebt sich also mit zunehmender Temperatur in der Richtung von größeren zu kleineren Wellenlängen, also innerhalb des sichtbaren Spektrums in der Richtung von Rot zu Violett.[7] Man bezeichnet darum das von WIEN aufgefundene Gesetz als Verschiebungsgesetz. Seine Richtigkeit ist durch experimentelle Untersuchungen vollkommen bestätigt worden, und dadurch war es andererseits auch möglich, die WIENsche Konstante ziemlich genau zu ermitteln.[8]

Die Auffindung des Verschiebungsgesetzes bedeutete einen großen und wesentlichen Erfolg auf dem Wege zu der Lösung des Grundproblems der Strahlungstheorie, nämlich der Frage nach der spektralen Energieverteilung in ihrer Abhängigkeit von der Temperatur. Diesem Problem gegenüber versagte aber nun die klassische Physik. Wohl führte sie auf zwei ganz verschiedenen Wegen zu zwei verschiedenen Gesetzen, die Lösungen jenes Problems darstellen sollten; aber der experimentellen Prüfung konnte keines der beiden Gesetze Stand halten. Es zeigte sich, daß beide nur ein beschränktes Geltungsgebiet haben und keines allgemeine Gültigkeit besitzt.[9] Die vollständige Lösung des Strahlungsproblems ist erst im Jahre 1900 PLANCK gelungen, als er die geniale Hypothese des elementaren Wirkungsquantums ersann und sie auf die Strahlungserscheinungen anwandte.

PLANCK machte die Annahme, daß die Aussendung von Strahlung diskontinuierlich erfolge, derart, daß dabei Energieelemente eine Rolle spielen; deren Größe sollte wiederum durch die Forderung bestimmt sein, daß das Produkt aus einem Energieelement und der Zeit seiner Schwingungsperiode gleich wäre dem elementaren Wirkungsquantum. Da zu der Schwingungsperiode die Schwingungszahl reziprok ist, so müßte somit jedes Energieelement gleich sein dem Produkt aus dem elementaren Wirkungsquantum und der Schwingungszahl. Die Energieelemente verschiedenfarbiger Strahlung wären also nicht gleich groß, sondern bei ultraroter Strahlung viel kleiner als bei ultravioletter; bei violetter wären sie etwa doppelt, bei grüner etwa einundhalbmal so groß wie bei roter.

Mittels der Hypothese der Energieelemente vermochte PLANCK ein Strahlungsgesetz abzuleiten, das für alle Temperaturen die Verteilung der Strahlungsenergie über alle Teile des Spektrums in Übereinstimmung mit der experimentellen Beobachtung richtig wiedergibt.[10] Aber die Bedeutung des PLANCKschen Strahlungsgesetzes reichte noch weit über das Gebiet der eigentlichen Strahlungslehre hinaus; denn das PLANCKsche Gesetz führte zuerst unmittelbar zu der genauen Bestimmung der wichtigsten universellen Konstanten der Physik. Aus dem PLANCKschen Gesetz folgten nämlich zwei Gleichungen, die die empirisch ermittelten Konstanten des STEFANschen und des WIENschen Gesetzes mit zwei für das moderne System der Physik grundlegenden Größen verknüpfen, deren eine noch völlig unbekannt, deren andere nur durch grobe Schätzung bekannt war. Die erste Größe war eben das hypothetische elementare Wirkungsquantum, die andere die Masse des Wasserstoffatoms, die bis dahin nur der Größenordnung nach von LOSCHMIDT abgeschätzt worden war. Indem nun PLANCK jene zwei Gleichungen nach ihren beiden Unbekannten auflöste, fand er sehr genau die Werte des elementaren Wirkungsquantums und der Masse des Wasserstoffatoms. Für letztere erhielt er den (schon in einem früheren Vortrage angegebenen) Wert von dem quadrillionsten Teile von einundeinhalb Gramm[11], und hieraus konnte PLANCK auch wieder auf Grund bekannter elektrochemischer Konstanten das elektrische Elementarquantum sehr genau berechnen.

Der Wert, den PLANCK für das elementare Wirkungsquantum erhielt, erscheint vom menschlichen Standpunkte aus sehr klein. Von seiner Größe gewinnt man eine Vorstellung, wenn man Energieelemente von sichtbarer Strahlung betrachtet. Für violette Strahlung, deren Schwingungszahl den ungeheuren Wert von 800 Billionen in der Sekunde hat, würden gleichwohl die Energieelemente so klein sein, daß erst zwanzig Trillionen von ihnen der Energie gleich kämen, die aufgewendet werden muß, um ein Gewicht von einem Kilogramm einen Meter hoch zu heben.[12]

Fünf Jahre, nachdem PLANCK in so erfolgreicher Weise die Quantentheorie begründet hatte, entdeckte im Jahre 1905 EINSTEIN ein neues wichtiges Anwendungsgebiet des Quantenprinzips in einer Gruppe von Erscheinungen, bei denen sich entweder Licht in Licht von anderer Periode oder Bewegungsenergie in Licht oder schließlich umgekehrt Licht in Bewegungsenergie umwandelt. Der erste Vorgang — die Verwandlung von Licht in solches von anderer Schwingungszahl — erfolgt bei dem Phänomen der Fluoreszenz, das sowohl bei dem sichtbaren Lichte als auch bei Röntgenstrahlen wahrgenommen wird.[13] Der zweite Vorgang, bei dem durch Bewegungsenergie Licht erzeugt wird, wird beobachtet, wenn Kathodenstrahlen, die ja aus trägen, mit ungeheurer Wucht bewegten Teilchen bestehen, Röntgenstrahlen erregen. Der dritte Vorgang, die Erzeugung von Bewegungsenergie durch Licht, ist als lichtelektrischer Effekt bekannt; bei ihm werden durch ultraviolettes Licht oder Röntgenstrahlen aus den bestrahlten Körpern Elektronen losgerissen.

Für merkwürdige Tatsachen, die bei den erwähnten Phänomenen den Forschern aufgefallen waren, fand nun EINSTEIN eine einfache Deutung, als er annahm, daß die Energieelemente nicht nur bei der Aussendung von Strahlung durch warme Körper eine Rolle spielen, sondern daß sich auch das Licht selbst in Lichtquanten ausbreite, deren Energie eben durch das Produkt aus elementarem Wirkungsquantum und Schwingungszahl bestimmt wäre. Auf Grund dieser Hypothese leitete EINSTEIN für den lichtelektrischen Effekt ein Gesetz ab, das in der Tat durch die experimentelle Beobachtung vollkommen bestätigt wurde.[14] Ja das EINSTEINsche Gesetz ist so genau erfüllt, daß auf die Ausmessung des lichtelektrischen Effektes MILLIKAN eine Methode zur direkten Bestimmung des elementaren Wirkungsquantums gründen konnte. Der Wert, den MILLIKAN so erhielt, stimmt vollkommen mit demjenigen überein, den auf einem ganz verschiedenen Wege PLANCK gefunden hatte.

Ein weiteres, sehr bedeutungsvolles Anwendungsgebiet der Quantenhypothese entdeckte Einstein im Jahre 1907 in der Theorie der spezifischen Wärme fester Körper. Unter der spezifischen Wärme einer Substanz versteht man die Wärmemenge, die man einem Gramm der Substanz zuführen muß, um ihre Temperatur um einen Grad zu erhöhen. Im Jahre 1819 hatten nun Dulong und Petit eine interessante Beziehung zwischen der spezifischen Wärme eines festen Grundstoffes und seinem Atomgewicht entdeckt. Nach dem sogenannten Gesetz von Dulong und Petit soll nämlich das Produkt aus beiden Größen, das als die Atomwärme bezeichnet wird, für alle festen Grundstoffe denselben Wert haben.[15] Diese Beziehung, die später auch theoretisch begründet wurde, wird in der Tat durch die Erfahrung im allgemeinen gut bestätigt. Aber schon damals, als das Gesetz aufgestellt wurde, fielen sehr große Abweichungen bei einigen Elementen mit niedrigem Atomgewicht auf, so bei Beryllium, bei Bor und vor allem bei dem Diamanten. Später stellte man auch die überraschende Tatsache fest, daß namentlich bei dem Diamanten die spezifische Wärme bei starker Abkühlung sehr abnimmt.[16]

Die Abweichungen von dem Dulongschen Gesetz vermochte die klassische Physik nicht zu erklären. Wohl aber fanden sie eine einfache Deutung, als Einstein auf die Wärmetheorie der festen Körper das Quantenprinzip anwandte. In Anlehnung an ältere Vorstellungen nahm nämlich Einstein an, daß die Wärme der festen Körper auf Schwingungen ihrer Atome beruhe, und er nahm nun weiter an, daß die Energie dieser Schwingungen sich im Sinne der Planckschen Hypothese aus Energieelementen zusammensetze, die also der Schwingungszahl proportional wären. Durch diese Annahme Einsteins wurde nicht nur der Abfall der spezifischen Wärme bei tiefen Temperaturen verständlich, sondern auch die Tatsache, daß selbst bei Zimmertemperatur merkliche Abweichungen von dem Dulongschen Gesetze bei Elementen auftreten, deren Atome besonders leicht sind und daher besonders rasch schwingen.[17] Der Einsteinsche Gedanke ist später von verschiedenen Forschern weiter ausgestaltet worden, so namentlich von Debye, der die Ein-

STEINsche Theorie vervollkommnete und sie dadurch in eine noch bessere Übereinstimmung mit der Erfahrung brachte. Durch seine Überlegung gelangte DEBYE im Jahre 1912 zu einem Gesetz, wonach bei sehr tiefen Temperaturen die spezifische Wärme eines festen Körpers der dritten Potenz der absoluten Temperatur proportional ist.

Der Satz von DEBYE deckt sich in seinen Folgerungen mit sehr bedeutungsvollen Schlüssen, die früher bereits NERNST aus einem im Jahre 1906 von ihm aufgestellten Prinzip gewonnen hatte. Dieses Prinzip, das gewöhnlich als der NERNSTsche Wärmesatz bezeichnet wird, schuf völlig neue Grundlagen für die Wärmelehre und die Thermochemie tiefer Temperaturen und erwies in vielfacher Hinsicht seine außerordentliche Fruchtbarkeit und seine gute Übereinstimmung mit der Erfahrung. Der Inhalt des NERNSTschen Wärmesatzes läßt sich freilich schwer in eine für den Laien verständliche Form bringen; im wesentlichen besagt er, daß bei sehr tiefen Temperaturen der Temperaturbegriff die Bedeutung verliert, die er unter normalen Verhältnissen hat. Die spezifische Wärme nimmt eben bei sehr großer Kälte mit fallender Temperatur rapid ab; eine Wärmemenge, die bei Zimmertemperatur die Temperatur eines Körpers nicht merklich zu steigern vermöchte, kann bei sehr großer Kälte eine Erhöhung um viele Grade hervorrufen. Eine Wärmemenge, die bei Zimmertemperatur einen Körper merklich ausdehnt, vermag bei sehr großer Kälte eine beobachtbare Vergrößerung des Volumens des Körpers nicht zu bewirken.[18]

Der universelle Charakter der Quantenhypothese war so bereits auf drei ganz verschiedenen Gebieten erkannt worden, in der Theorie der Wärmestrahlung, in der Theorie des lichtelektrischen Effektes und in der Theorie der spezifischen Wärme; da erschloß im Jahre 1913 der dänische Physiker BOHR der Quantentheorie das Anwendungsgebiet, auf dem ihr die großartigsten Erfolge beschieden sein sollten. Indem nämlich BOHR die Hypothese des elementaren Wirkungsquantums mit dem RUTHERFORDschen Atommodell verschmolz, gelang ihm die Begründung einer Spektraltheorie, die zugleich durch ihre weitere Ausgestaltung die Lösung des schwierigen Problems des Atombaues erbrachte.

Im Jahre 1859 hatten KIRCHHOFF und BUNSEN die bedeutungsvolle Entdeckung gemacht, daß in den Spektren der chemischen Grundstoffe für diese Grundstoffe charakteristische Linien von bestimmten Schwingungszahlen auftreten. Im Jahre 1885 hat dann BALMER die äußerst wichtige Tatsache entdeckt, daß zwischen den Linien des Wasserstoffspektrums sehr einfache zahlenmäßige Beziehungen bestehen. Die Schwingungszahlen der einzelnen Wasserstofflinien, sowohl derjenigen, die schon BALMER bekannt waren, als auch jener, die erst später entdeckt wurden, sind nämlich durch Differenzen von der Form darstellbar $R/m^2 - R/n^2$, wobei sowohl m als auch n stets einfache ganze Zahlen sind; R aber bedeutet eine konstante Schwingungszahl von 3291 Billionen in der Sekunde, eine Schwingungszahl also, die um ungefähr zwei Oktaven höher liegt als die des sichtbaren violetten Lichtes.[19]

In den Neunziger Jahren des 19. Jahrhunderts machte schon der schwedische Physiker RYDBERG die wichtige Entdeckung, daß die Schwingungszahl R, die darum die RYDBERGsche Konstante genannt wird, nicht nur für die Struktur des Wasserstoffspektrums maßgebend ist, sondern daß sie auch eine wesentliche Rolle in den (allerdings komplizierteren) Formeln spielt, die die Gesetzmäßigkeiten anderer chemischer Grundstoffe[20] beschreiben. Die RYDBERGsche Schwingungszahl gewinnt dadurch die Bedeutung einer universellen Konstanten; und im Jahre 1910 fand der Verfasser dieser Schrift, indem er zuerst das Quantenprinzip auf die Theorie des Atoms und die Theorie der Spektren anwandte, eine Beziehung, die die RYDBERGsche Konstante mit den Grundgrößen der Quantentheorie und der Elektronentheorie verknüpft, nämlich mit dem elementaren Wirkungsquantum, mit dem elektrischen Elementarquantum und mit der Masse des Elektrons.[21]

Im Jahre 1913 gelang nun BOHR eine überraschend einfache Deutung der Gesetzmäßigkeit des Wasserstoffspektrums dadurch, daß er der Quantentheorie des Atoms das Atommodell zugrunde legte, das kurz vorher RUTHERFORD ersonnen hatte. Nach der schon früher (im dritten Vortrag) besprochenen Anschauung von RUTHERFORD hat man sich das Wasserstoffatom gebildet zu denken aus einem den Atomkern darstellenden Proton und einem Elektron, das den Kern umkreist. Von der Masse des Atoms entfällt nur etwa der 1850ste Teil auf das negative Elektron, während der Rest der Masse dem Atomkern zugeschrieben werden muß.

Auf dieses RUTHERFORDsche Modell des Wasserstoffatoms wandte nun BOHR die Quantentheorie in zweifacher Hinsicht an. Seine erste Annahme bezieht sich auf die Kreisbewegung des Elektrons. Während nach der klassischen Physik diese Bewegung in Bahnen von ganz beliebigen Bahnhalbmessern erfolgen könnte, ohne daß eine Bahn irgendeinen Vorzug vor der anderen hätte, nahm BOHR an, daß solche Bahnen ausgezeichnet seien, bei denen eine bestimmte, die Bewegung in mechanischer Hinsicht charakterisierende Größe[22] ein ganzzahliges Vielfaches des elementaren Wirkungsquantums ist. Je nach dem Werte, den die eben erwähnte ganze Zahl hat, spricht man daher von einer einquantigen Bahn, einer zweiquantigen Bahn, einer dreiquantigen und so fort. Jeder Bahn von bestimmter Quantenzahl entsprechen ganz bestimmte Werte des Bahnhalbmessers, der Geschwindigkeit, der Umlaufszahl und der Energie, wobei die mit negativem Vorzeichen zu nehmende Energie diejenige Arbeit darstellt, die aufgewendet werden muß, um dem Atom in dem betreffenden Zustand das Elektron völlig zu entreißen, um es also ganz aus dem Atom loszulösen. Für die einquantige Bahn, die den Normalzustand darstellt, beträgt z. B. nach der BOHRschen Theorie die Geschwindigkeit den ungefähr 140sten Teil der Lichtgeschwindigkeit, die Umlaufszahl beträgt ungefähr 6000 Billionen in der Sekunde. Der Energiebetrag, der dem Wasserstoffatom im einquantigen Zustande zukommt, ist einfach gleich dem Produkt aus der RYDBERGschen Konstanten und dem elementaren Wirkungsquantum. Für den einquantigen Bahnhalbmesser ergibt sich in der BOHRschen Theorie ein Wert von ungefähr dem zwanzigsten Teil eines milliontel Millimeters.

Mit den Werten, die die BOHRsche Theorie für den normalen einquantigen Atomzustand ergibt, stehen nun die Werte, die für mehrquantige Zustände gelten in einem äußerst einfachen Zusammenhange. Den Radius, der einer Bahn von beliebiger Quantenzahl entspricht, findet man, indem man den der einquantigen Bahn mit dem Quadrate der Quantenzahl multipliziert. Der Radius der zweiquantigen Bahn ist also viermal, der der dreiquantigen Bahn neunmal, der der vierquantigen Bahn sechzehnmal so groß wie der der einquantigen. Das Umgekehrte gilt für die Energie. Im zweiquantigen Zustand ist der die Loslösungsarbeit messende Energiebetrag nur ein viertelmal, im dreiquantigen nur ein neuntelmal, im vierquantigen nur ein sechzehntelmal so groß wie im einquantigen Zustand; man erhält die Energie in einem beliebigen quantentheoretisch ausgezeichneten Zustand, indem man die des einquantigen Zustandes durch das Quadrat der Quantenzahl dividiert.

Nun erscheint andererseits nach dem früher Gesagten die Frequenz einer Linie des Wasserstoffspektrums als Differenz zweier Glieder, deren jedes bei gleichem Zähler das Quadrat einer ganzen Zahl im Nenner enthält. Um die Gesetzmäßigkeit des Wasserstoffspektrums erklären zu können, brauchte darum Bohr seiner ersten Annahme nur noch eine zweite hinzuzufügen, die sich unmittelbar aus dem Quantenprinzip und insbesondere aus der Einsteinschen Hypothese der Lichtquanten ergibt. Bohr nahm nämlich an, daß das Atom Licht nur dann aussende, wenn es aus einem quantentheoretisch ausgezeichneten Zustand in einen anderen ebenfalls ausgezeichneten übergeht, und daß die durch diesen Übergang überschüssig werdende Energie sich in ein Lichtquantum umsetze. Mit anderen Worten, es muß die Differenz der Energiewerte, die den beiden ausgezeichneten Zuständen entsprechen, gleich sein dem Produkte aus dem elementaren Wirkungsquantum und aus der Frequenz des ausgesandten Lichtes. Durch diese sogenannte Frequenzbedingung soll die Schwingungszahl der Spektrallinie bestimmt sein, die durch den Übergang erzeugt wird. Da die Werte der Energie umgekehrt proportional sind den Quadraten der Quantenzahlen, so erklärt es sich durch die Frequenzbedingung in der Tat, daß die Schwingungszahlen der Wasserstofflinien darstellbar sind als Differenzen zweier Brüche, die bei gleichem Zähler im Nenner Quadrate verschiedener ganzer Zahlen enthalten. Andererseits erscheint wieder durch die Frequenzbedingung die Rydbergsche Konstante verknüpft mit den Größen, die das Wasserstoffatom vom elektronentheoretischen Standpunkte aus charakterisieren.

Auf Grund dieser Beziehung ist es nun auch möglich, das elementare Wirkungsquantum aus spektroskopischen Messungen sehr genau zu berechnen; der so gefundene Wert stimmt vollkommen mit dem überein, den PLANCK aus seinem Strahlungsgesetz abgeleitet hatte, und ebenso mit demjenigen, den später MILLIKAN, wie erwähnt, aus lichtelektrischen Messungen erhielt.

Da jede Spektrallinie durch einen Übergang zwischen zwei Zuständen entsteht, so ergibt sich eine zweifache Mannigfaltigkeit von Spektrallinien. Zu jedem Endzustand von bestimmter Quantenzahl gehört eine Serie von Spektrallinien, deren einzelne Linien wieder durch die Quantenzahlen des Anfangszustandes bestimmt sind. (Die Zahl *m* bestimmt bei der Emission den Endzustand, die Zahl *n* den Anfangszustand; bei gegebenem *m* kann noch *n* die Reihe der ganzen Zahlen durchlaufen.[23]) Die für das menschliche Auge sichtbare, die sogenannte optische Serie des Wasserstoffspektrums entsteht durch Übergang in den zweiquantigen Endzustand; bei dem Übergang aus dem dreiquantigen in den zweiquantigen Zustand entsteht eine rote, bei dem Übergang aus dem vierquantigen in den zweiquantigen Zustand eine blaue Linie.[24] Wächst die Quantenzahl der Anfangsbahn, so nähern sich nach der BALMERschen Formel die Linien der optischen Serie immer mehr einer Schwingungszahl, die gleich ist der RYDBERGschen Konstanten, gebrochen durch das Quadrat von zwei. Diese Grenze der optischen Serie liegt im Ultravioletten. Von der optischen Serie hat man insgesamt etwa 50 Linien bisher beobachten können.[25] Die Serie, die dem einquantigen Endzustand entspricht, liegt im Ultravioletten, die Serien, deren Endzustand dreiquantig oder vierquantig ist, im Ultraroten. Dadurch erklärt es sich, daß diese schwerer feststellbaren Serien erst später als die optische entdeckt worden sind.[26]

Es sei nur kurz erwähnt, daß die BOHRsche Theorie auch zu einer einfachen Deutung des Spektrums des ionisierten Heliums[27] führte, ja, daß erst durch die BOHRsche Theorie Serien, die bis dahin fälschlich dem Wasserstoff zugeschrieben worden waren, als Heliumserien erkannt wurden.[28] Es war ein großer Erfolg für die BOHRsche Theorie, daß es später tatsächlich gelang, diese früher fälschlich dem Wasserstoff zugeschriebenen Linienserien in solchen Entladungsröhren hervorzurufen, die mit reinem Heliumgas gefüllt und von jeder Beimengung von Wasserstoff frei waren.[29]

Für die neue Auffassung des Heliumspektrums vermochte aber eine noch glänzendere Bestätigung Bohr selbst auf rein theoretischem Wege zu erbringen, und zwar auf Grund der merkwürdigen Tatsache, daß bei dem Heliumspektrum die Übereinstimmung zwischen den theoretisch berechneten und den tatsächlich beobachteten Schwingungszahlen der Linien nicht so vollkommen erschien wie bei dem Wasserstoff. Wie öfter in der Geschichte der Physik, so erwiesen sich auch hier die ursprünglichen vermeintlichen Abweichungen von der Theorie nach der Vervollkommnung der Theorie als deren glänzendste Bestätigung.[30] Die Vervollkommnung bestand in diesem Falle darin, daß Bohr auch die Mitbewegung des Atomkernes berücksichtigte. Tatsächlich kreist ja bei dem Bohrschen Wasserstoffatommodell (dem das Heliumatommodell analog ist[31]) nicht das Elektron um den Kern, sondern beide, Elektron und Kern, kreisen um ihren gemeinschaftlichen Schwerpunkt.[32] Indem Bohr diesen ursprünglich nicht beachteten Umstand nunmehr auch berücksichtigte, konnte er nicht nur die vermeintlichen Abweichungen des Heliumspektrums vollkommen erklären, sondern sogar aus der Größe dieser vermeintlichen Abweichungen recht genau eine fundamentale Konstante der Elektronentheorie berechnen, nämlich das Verhältnis zwischen der Ladung und der Masse der Elektronen. Der Wert, den Bohr so erhielt, stimmte wieder vollkommen mit demjenigen überein, der auf ganz anderem Wege schon früher durch Messungen an Kathodenstrahlen gewonnen worden war; in der Tat ein glänzender Erfolg für die Bohrsche Theorie.

Zwei Jahre nun, nachdem Bohr in so erfolgreicher Weise die Quantentheorie der Spektren geschaffen hatte, erfuhr diese Theorie im Jahre 1915 eine bedeutungsvolle Erweiterung durch Sommerfeld. Das Verhältnis dieses Forschers zu Bohr ist in gewissem Sinne vergleichbar mit dem Verhältnis Keplers zu Copernicus. Wie sich einst Copernicus die Planetenbahnen kreisförmig gedacht hatte, Kepler aber sie als Ellipsen behandelte und damit einen gewaltigen Fortschritt vollzog, so ersetzte auch SOMMERFELD die kreisförmigen Bahnen des BOHRschen Atommodells durch elliptische. Die Theorie wurde dadurch natürlich wesentlich komplizierter. Denn ein Kreis ist durch eine einzige Größe bestimmbar, nämlich durch seinen Halbmesser, eine Ellipse hingegen erst durch zwei Größen, etwa ihre große und ihre kleine Achse. In der SOMMERFELDschen Theorie erfordert daher jede quantentheoretisch ausgezeichnete Bahn zu ihrer Kennzeichnung je zwei Quantenzahlen. Die Spektrallinien stellen somit in der SOMMERFELDschen Theorie eine größere Mannigfaltigkeit dar, da sowohl der Anfangszustand als auch der Endzustand erst durch je zwei Quantenzahlen gegeben ist.

Als SOMMERFELD auf dieser Grundlage die Spektraltheorie ausgestalten wollte, erhielt er aber zunächst nur ganz dieselben Linien wie BOHR, höchstens mit dem Unterschiede, daß sich für jede dieser Linien nunmehr mehrere Entstehungsmöglichkeiten ergaben, während die BOHRsche Theorie für jede Linie nur eine einzige Entstehungsmöglichkeit gekannt hatte. Die Ellipsenhypothese erschien somit zunächst nur als eine überflüssige und zwecklose Komplizierung der früheren Theorie. Ihre außerordentliche Fruchtbarkeit erwies aber die neue Hypothese, als sie SOMMERFELD mit einem fundamentalen Satze der Relativitätstheorie verknüpfte. Es ist der (im sechsten Vortrag zu besprechende) Satz, demzufolge die Masse eines Körpers von seiner Geschwindigkeit abhängt. Da die Geschwindigkeit des Elektrons im Wasserstoffatom einige Tausendstel der Lichtgeschwindigkeit beträgt, sind ja merkliche Abweichungen von der klassischen Mechanik sehr wohl möglich.

Indem nun SOMMERFELD die Abhängigkeit der Masse von der Geschwindigkeit berücksichtigte, fand er, daß bei den mehrfachen Übergängen, die in seiner Theorie an die Stelle eines einzigen BOHRschen Überganges treten, nicht genau dieselbe Linie entsteht, sondern verschiedene Linien, deren Schwingungszahlen untereinander allerdings nur sehr wenig abweichen. In der SOMMERFELDschen Theorie erscheint also jede BOHRsche Linie in eine Gruppe von einander äußerst eng benachbarten Linien aufgelöst. Die Struktur dieser Gruppe bezeichnet man als die Feinstruktur jener im BOHRschen Sinne einheitlichen Spektrallinie.

Mittels stark auflösender Spektralapparate konnte die Feinstruktur vor allem bei den Heliumlinien sehr genau untersucht und gemessen werden, und in der Tat haben diese Messungen die SOMMERFELDsche Theorie vollkommen qualitativ und quantitativ bestätigt. Im übrigen ist die Übereinstimmung der BOHR-SOMMERFELDschen Theorie mit der Erfahrung so vollkommen, daß es möglich ist, lediglich durch spektroskopische Messungen das elementare Wirkungsquantum und die beiden Grundgrößen der Elektronentheorie zu berechnen, nämlich das elektrische Elementarquantum und die Masse der Elektronen. Um diese drei für die moderne Physik fundamentalen Konstanten zu ermitteln, braucht man nur das gewöhnliche Wasserstoffspektrum auszumessen, die vorhin erwähnten vermeintlichen Abweichungen des Heliumspektrums von der Theorie festzustellen und schließlich die Feinstruktur des Heliumspektrums zu messen.

Zu einer sehr genauen Ermittlung der atomistischen Konstanten verfährt derzeit die theoretische Physik allerdings am besten so, daß sie mit den spektroskopischen Methoden eine direkte Bestimmung des elektrischen Elementarquantums kombiniert. Bei dieser Bestimmung wird ein kleines Materieteilchen, am besten ein Öltröpfchen, im Mikroskop unter dem doppelten Einfluß seines eigenen Gewichtes und eines vertikal nach aufwärts wirkenden elektrischen Feldes beobachtet. Wenn das Teilchen schwebt, so muß sein Gewicht ebenso groß sein wie die elektrische Kraft, die wiederum bei gegebenem elektrischen Felde der Ladung des Teilchens proportional ist. Das Gewicht des Teilchens kann aber nach einer bestimmten Beziehung aus seiner Fallgeschwindigkeit ermittelt und so auch die Ladung selbst gemessen werden. Ist die Ladung hinreichend klein, so erweist sie sich als ganzzahliges Vielfaches eines elektrischen Elementarquantums, das derart von MILLIKAN sehr genau, mit einer Fehlergrenze von einem Promille, bestimmt werden konnte.[33]

Ist nun das elektrische Elementarquantum bekannt, so ist damit auch die Masse des Wasserstoffatoms gegeben. Denn auf Grund der schon von FARADAY angestellten Messungen weiß man sehr genau, welche Elektrizitätsmenge von einem Gramm Wasserstoff bei der Elektrolyse transportiert wird.[34] Man kennt somit für die ionisierten Wasserstoffatome das Verhältnis zwischen ihrer Ladung und ihrer Masse. Da angenommen werden muß, daß einem ionisierten Wasserstoffatom die Ladung eines elektrischen Elementarquantums anhaftet, so ist somit mit dem Elementarquantum auch die Atommasse des Wasserstoffs gegeben. So ergibt sich mit einer Fehlergrenze von wohl höchstens einem Prozent, daß eine Quadrillion Wasserstoffatome 1,66 g wiegt.[35]

Aber auch die Masse des Elektrons ist genau bekannt, sobald man erst den genauen Wert des elektrischen Elementarquantums weiß. Denn die spezifische Ladung der Elektronen ist sowohl aus der Ablenkung der Kathodenstrahlen bekannt als auch (nach der BOHRschen Theorie) aus den Abweichungen zwischen dem Helium- und dem Wasserstoffspektrum.[36] Kennt man schließlich das elektrische Elementarquantum und die Masse des Elektrons genau, so kann aus der Formel für die RYDBERGsche Konstante auch das elementare Wirkungsquantum mit einer Genauigkeit von etwa einem halben Prozent berechnet werden.[37]

Die eben angeführten Methoden sind wohl die genauesten, aber keineswegs die einzigen. Eine Reihe von Phänomenen, die eine Bestimmung atomistischer Konstanten gestatten, ist ja schon bei vielen früheren Gelegenheiten erwähnt worden, so z. B. die Ablenkung der Alphastrahlen, die Szintillation, der lichtelektrische Effekt, das STEFANsche Gesetz, das WIENsche Verschiebungsgesetz; auch aus der BROWNschen Bewegung und aus anderen molekularen Schwankungserscheinungen kann die Atommasse berechnet werden. Innerhalb der Fehlergrenzen erhält man für die physikalischen Grundgrößen nach all diesen Methoden doch dieselben Werte.[38]

Wenn es als ein Argument für die Existenz unserer Außenwelt gilt, daß Gesichts-, Gehörs- und Tastempfindungen zu denselben Objekten führen, dann darf die theoretische Physik einen sicheren Beweis für die wirkliche Existenz der Elektronen, der Atome und des elementaren Wirkungsquantums darin erblicken, daß sich die charakteristischen Konstanten der Atomistik nach grundverschiedenen Methoden gleichwohl stets in denselben Werten ergeben.

*

Fünfter Vortrag

Die Theorie der Grundstoffe

Nicht nur in der Physik haben die Elektronen- und die Quantentheorie eine völlige Umwandlung herbeigeführt, auch für die Chemie haben diese beiden Theorien ganz neue Grundlagen geschaffen. Denn durch sie hat das älteste und fundamentale Problem der theoretischen Chemie, das Problem der Grundstoffe, seine Lösung gefunden.

Durch die (bereits im dritten Vortrag besprochene) DALTONsche Theorie war schon im Beginn des neunzehnten Jahrhunderts dieses Problem als gleichbedeutend mit der Frage nach den Atomarten erkannt worden. Im Beginn des neunzehnten Jahrhunderts kannten die Chemiker allerdings erst etwa dreißig Grundstoffe. Durch die Entdeckung der zahlreichen seltenen Metalle[1] und der Edelgase[2] stieg die Zahl der bekannten Atomarten bis zum Ende des neunzehnten Jahrhunderts auf ungefähr achtzig, seitdem durch die Entdeckung der mannigfachen radioaktiven Elemente auf mehr als hundert.

Als die vor allem kennzeichnende Eigenschaft eines Grundstoffs wurde noch bis vor kurzem sein Atomgewicht angesehen, und häufig pflegte man darum die Elemente in eine Reihe nach steigenden Atomgewichten zu ordnen, in eine Reihe, die mit Wasserstoff beginnt und mit Uran endet. Wird in üblicher Weise als Einheit des Atomgewichtes der sechzehnte Teil der Masse eines Sauerstoffatoms gewählt, so beginnt diese Reihe mit der Zahl 1,0078 und schließt mit der Zahl 238,14.

Keineswegs steigt aber nun in der so gebildeten Reihe das Atomgewicht etwa völlig regelmäßig an. Die Atomgewichtsdifferenzen zwischen zwei in der Reihe aufeinanderfolgenden Grundstoffen sind recht verschieden, und daher könnte wohl auch in der Reihe das eine oder das andere

Element fortgelassen werden, ohne daß die dadurch entstandene Lücke offenbar werden müßte. Es bedeutete daher einen bahnbrechenden Fortschritt, als im Jahre 1913 eine physikalische Entdeckung zu der Auffindung einer natürlichen Reihe der Grundstoffe führte. Diese Entdeckung, die wir dem jung verstorbenen englischen Physiker MOSELEY verdanken, steht in engstem Zusammenhange mit der Begründung der Röntgenspektroskopie, die ebenfalls das Werk MOSELEYS ist.

Die Röntgenspektroskopie beruht auf der von BARKLA im Jahre 1905 entdeckten Tatsache der sogenannten Eigenstrahlung der Grundstoffe. Ein von Kathoden- oder Röntgenstrahlen getroffener Körper sendet selbst wieder Röntgenstrahlen aus, und unter diesen sind nun, wie BARKLA fand, vorwiegend solche enthalten, deren „Härte"[3] oder, wie wir heute sagen, deren Wellenlängen nur von der chemischen Natur des getroffenen Körpers abhängen. Die Eigenstrahlung ist daher für die in dem strahlenden Körper enthaltenen Grundstoffe ebenso charakteristisch wie deren optische Spektren. Die Zerlegung der Eigenstrahlung nach Wellenlängen und zugleich deren Messung wurde später durch die im ersten Vortrag erwähnte Kristallmethode möglich; und dies ist vermittelst einiger genial erdachter Kunstgriffe zuerst eben MOSELEY gelungen. MOSELEY entdeckte in den Röntgenspektren aller festen Elemente zwei Serien, die als K-Serie und L-Serie unterschieden werden; die K-Serie liegt als die „härtere" im allgemeinen etwa drei Oktaven höher als die L-Serie. (Bei den Elementen mit hohem Atomgewicht wurde später eine noch weichere Serie, die M-Serie, und bei den Elementen mit den höchsten Atomgewichten endlich eine ganz besonders weiche Serie, die sogenannte N-Serie, nachgewiesen.)[4]

Als nun MOSELEY für die verschiedenen Elemente die Röntgenspektren photographierte und miteinander verglich, machte er die überraschende Entdeckung, daß sich nach den Röntgenspektren die Elemente in eine natürliche Reihe ordnen lassen, innerhalb deren von Grundstoff zu Grundstoff die Verschiebung der einzelnen Linien in der Richtung zunehmender Schwingungszahl mit wunderbarer Gesetzmäßigkeit erfolgt, mit einer derartigen Genauigkeit, daß sich jede Lücke in dieser Reihe sofort durch einen zu großen Sprung offenbart. Die Aufeinanderfolge ist in dieser natürlichen Reihe fast ganz dieselbe wie in einer Reihe, die nach steigendem Atomgewicht gebildet ist. Aber während die Zunahme des Atomgewichtes keineswegs regelmäßig ist, erfolgt die Verschiebung der Röntgenlinien innerhalb der natürlichen Reihe mit der wunderbarsten Präzision. (In der historisch bedeutsamen Fig. 4, die von MOSELEY selbst stammt, sieht

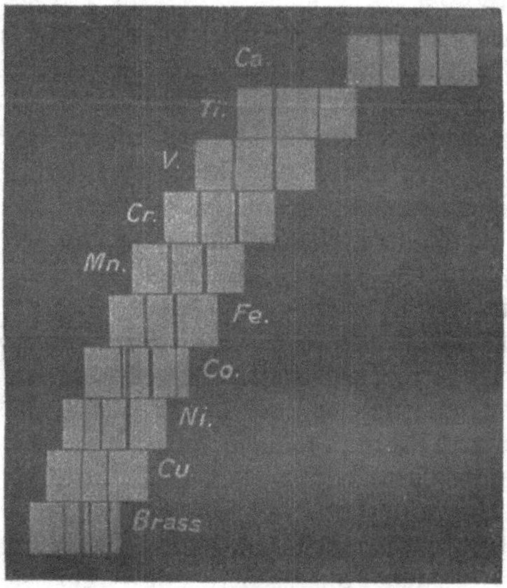

Fig. 4

man die beiden stärkeren K-Linien der aufeinanderfolgenden Elemente Calcium, Titan, Vanadium, Chrom, Mangan, Eisen, Kobalt, Nickel, Kupfer und Zink, das, mit Kupfer legiert, als Messing, englisch „brass", erscheint. Das Scandium, das den Platz zwischen Calcium und Titan einnimmt, stand damals MOSELEY wegen seiner Seltenheit nicht zur Verfügung und fehlt daher in der Figur. Zu beachten ist auch, daß bei dem Messing neben den Linien des Zinks auch die des Kupfers enthalten sind, was deutlich beweist, daß die Röntgenspektren eine Eigenschaft der Atome selbst sind. Aus demselben Grunde bemerkt man auch bei dem Kobalt, dem fast immer Spuren von Nickel und Eisen beigemengt sind, die Linien dieser beiden Metalle.)

Weil in der natürlichen Reihe (von wenigen Ausnahmen abgesehen) das Atomgewicht von Stelle zu Stelle (wenn auch nicht regelmäßig) zunimmt, so können auf Grund der bekannten Atomgewichte die Lücken der natürlichen Reihe ergänzt werden, wofern sie solche Elemente betreffen, die zwar bekannt sind, von denen aber röntgenspektrographische Aufnahmen nicht vorliegen. Die natürliche Reihe der Grundstoffe, die sich so ergibt und die vom Wasserstoff bis zu dem Uran reicht, umfaßt 92 Plätze.[5] Sie ist durch die Tabelle I dargestellt, in der außer den sogenannten Ordnungszahlen, die die Platznummer bestimmen, und außer den konventionellen Namen auch die chemischen Symbole und die auf Sauerstoff = 16 bezogenen Atomgewichte verzeichnet sind. An vier Stellen geht, wie die Tabelle zeigt, ein Element mit etwas höherem Atomgewicht einem mit niedrigerem Atomgewicht voran (nämlich das Argon dem Kalium, ferner, wie man auch deutlich aus Fig. 4 ersieht, das Kobalt dem Nickel, sodann das Tellur dem Jod und endlich das Thorium dem Protactinium). Nach dem gegenwärtigen Stande der Forschung weist die Grundstoffreihe nur noch zwei Lücken auf, die den Zahlen 85 und 87 entsprechen.

Vom Standpunkte der modernen Atomtheorie findet nun die natürliche Reihe der Grundstoffe eine einfache Deutung. Wenn die Atome aus positiven Kernen bestehen, um die Elektronen kreisen, dann liegt der Gedanke nahe, daß bei dem Fortschreiten in der natürlichen Reihe um je eine Stelle auch die Kernladung um je ein elektrisches Elementarquantum zunimmt. Diese Annahme findet ihre wichtigste Stütze darin, daß, wie schon Moseley entdeckte, die Quadratwurzeln aus den Frequenzen der einzelnen Röntgenlinien linear mit der Ordnungszahl wachsen[6], während andererseits aus der Bohrschen Theorie folgt, daß mit zunehmender Kernladung die Frequenzen im quadratischen Verhältnis zunehmen müssen. (In dem Spektrum des ionisierten Heliums sind z. B. die Frequenzen der entsprechenden Linien durchwegs viermal so groß wie im Wasserstoffspektrum bei einer doppelt so großen Kernladung.) Die Ordnungszahlen

Tabelle I

Die natürliche Reihe der Grundstoffe

1	Wasserstoff . . .	H	1,0078	47	Silber	Ag	107,880
2	Helium	He	4,002	48	Cadmium . . .	Cd	112,41
3	Lithium	Li	6,940	49	Indium	In	114,8
4	Beryllium	Be	9,02	50	Zinn	Sn	118,70
5	Bor	B	10,82	51	Antimon	Sb	121,76
6	Kohlenstoff . . .	C	12,000	52	Tellur	Te	127,5
7	Stickstoff	N	14,008	53	Jod	J	126,93
8	Sauerstoff	O	16,000	54	Xenon	X	130,2
9	Fluor	F	19,00	55	Cäsium	Cs	132,81
10	Neon	Ne	20,18	56	Barium	Ba	137,36
11	Natrium	Na	22,997	57	Lanthan	La	138,90
12	Magnesium . . .	Mg	24,32	58	Cer	Ce	140,13
13	Aluminium . . .	Al	26,97	59	Praseodym . . .	Pr	140,92
14	Silicium	Si	28,06	60	Neodym	Nd	144,27
15	Phosphor	P	31,02	61	Illinium	Il	—
16	Schwefel	S	32,06	62	Samarium . . .	Sm	150,43
17	Chlor	Cl	35,457	63	Europium . . .	Eu	152,0
18	Argon	A	39,94	64	Gadolinium . . .	Gd	157,3
19	Kalium	K	39,104	65	Terbium	Tb	159,2
20	Calcium	Ca	40,07	66	Dysprosium . .	Dy	162,46
21	Scandium	Sc	45,10	67	Holmium	Ho	163,5
22	Titan	Ti	47,90	68	Erbium	Er	167,64
23	Vanadium	V	50,95	69	Thulium	Tu	169,4
24	Chrom	Cr	52,01	70	Ytterbium . . .	Yb	173,5
25	Mangan	Mn	54,93	71	Cassiopeium . .	Cp	175,0
26	Eisen	Fe	55,84	72	Hafnium . . .	Hf	178,6
27	Kobalt	Co	58,94	73	Tantal	Ta	181,36
28	Nickel	Ni	58,69	74	Wolfram	W	184,0
29	Kupfer	Cu	63,57	75	Rhenium	Re	186,31
30	Zink	Zn	65,38	76	Osmium	Os	190,9
31	Gallium	Ga	69,72	77	Iridium	Ir	193,1
32	Germanium . . .	Ge	72,60	78	Platin	Pt	195,23
33	Arsen	As	74,93	79	Gold	Au	197,2
34	Selen	Se	79,2	80	Quecksilber . .	Hg	200,61
35	Brom	Br	79,916	81	Thallium . . .	Tl	204,39
36	Krypton	Kr	82,9	82	Blei	Pb	207,21
37	Rubidium	Rb	85,45	83	Wismut	Bi	209,00
38	Strontium	Sr	87,63	84	Polonium . . .	Po	(210)
39	Yttrium	Y	88,93	85	—	—	—
40	Zirkonium	Zr	91,22	86	Emanation . . .	Em	222
41	Niobium	Nb	93,5	87	—	—	—
42	Molybdän	Mo	96,0	88	Radium	Ra	225,97
43	Masurium	Ms	—	89	Actinium	Ac	(226)
44	Ruthenium . . .	Ru	101,7	90	Thorium	Th	232,12
45	Rhodium	Rh	102,9	91	Protactinium . .	Pa	(230)
46	Palladium	Pd	106,7	92	Uran	U	238,14

der Grundstoffe erweisen sich somit als gleichbedeutend mit den Kernladungszahlen, die es angeben, wieviel positive Elementarquanten die Ladung des positiven Kernes beträgt.

In der natürlichen Reihe der Grundstoffe nehmen nun sechs Elemente dadurch eine ausgezeichnete Sonderstellung ein, daß sie sich in chemischer Hinsicht vollkommen passiv verhalten; sie gehen im Gegensatze zu allen anderen Grundstoffen überhaupt keine chemischen Verbindungen ein. Diese Elemente sind die sogenannten Edelgase, nämlich Helium, Neon, Argon, Krypton, Xenon und die Emanation. Ihre Ordnungszahlen sind 2, 10, 18, 36, 54, 86, die Differenzen zwischen diesen Zahlen[7] aber 8, 8, 18, 18, 32.

Vom Standpunkte der modernen Atomtheorie ist nun offenbar jede chemische Aktivität auf elektrische Kräfte zurückzuführen, die von den Atomen ausgehen; diese elektrostatischen Kräfte sind es, die zu einer Vereinigung entgegengesetzt geladener Atome und damit zur Molekelbildung führen. Da im neutralen Zustand die Zahl der den Kern umgebenden negativen Elektronen der Kernladungszahl gleich ist, so kann somit ein Atom nur dann chemisch aktiv werden, wenn sich die Zahl der seinen Kern umgebenden Elektronen entweder unter die Kernladungszahl vermindert oder über sie erhöht hat. Im ersten Fall wird das Atom als ganzes positiv, im zweiten negativ elektrisch, und die Ladung ist wiederum durch die Zahl der abgegebenen oder aufgenommenen Elektronen bestimmt. Aus der chemischen Passivität der Edelgase muß somit geschlossen werden, daß in ihren Atomen die Anordnung der Elektronen um den Kern eine derart stabile ist, daß im allgemeinen weder Elektronen aus dem Atomverband abgegeben noch fremde in ihn aufgenommen werden, was bei allen anderen Atomen möglich erscheint.

Durch theoretische Überlegungen ist es BOHR im Jahre 1921 gelungen, für die Edelgasatome die Gruppierung der Elektronen um den Kern zu ermitteln. Diese Gruppierung ist durch Tabelle II dargestellt, die es angibt, wieviel Elektronen Bahnen von gegebener Quantenzahl beschreiben.

Die Edelgase stellen gewissermaßen die Marksteine in der natürlichen Reihe der Grundstoffe dar. Durch sie zerfällt die Reihe in sieben Perioden. Die erste umfaßt zwei

Tabelle II
Die Edelgasatome

Zahl der Elektronen in Bahnen von der Quantenzahl	1	2	3	4	5	6	Summe der Elektronen
Helium	2						2
Neon	2	8					10
Argon	2	8	8				18
Krypton	2	8	18	8			36
Xenon	2	8	18	18	8		54
Emanation	2	8	18	32	18	8	86

Elemente, die zweite und dritte je acht, die vierte und fünfte je achtzehn, die sechste zweiunddreißig. Die siebente Periode, die mit dem unbekannten Element Nr. 87 beginnt, bricht scheinbar an sechster Stelle mit dem Uran ab, wobei es dahingestellt bleiben muß, ob Grundstoffe mit noch höherer Kernladung nicht existenzfähig oder bereits zerfallen oder nur wegen ihrer Seltenheit noch nicht entdeckt sind.

Schon im Jahre 1869 haben nun gleichzeitig, doch unabhängig voneinander, Lothar Meyer und Mendelejeff die wichtige Entdeckung gemacht, daß in einer nach steigendem Atomgewicht gebildeten Reihe der Elemente charakteristische physikalische und chemische Eigenschaften periodisch wiederkehren und daß infolgedessen, wenn man die Perioden untereinander schreibt, eine Anordnung möglich ist, bei der in den einzelnen Vertikalreihen einander ähnliche Elemente verzeichnet sind. Die weitere Ausbildung des sogenannten periodischen Systems führte zu der Unterscheidung von acht Vertikalgruppen mit je zwei Untergruppen; doch wurde eine exakte Darstellung erst möglich, seit durch die Kenntnis der Ordnungszahlen auch die Zahl der Stellen in den Perioden genau bekannt wurde.

Tabelle III stellt das periodische System vom Standpunkt der modernen Atomtheorie dar.[8] In der vierten, fünften und sechsten Periode findet, wie die frühere Tabelle II erkennen läßt, zugleich mit der Ausbildung einer neuen äußersten Gruppe von acht Elektronen eine Komplettierung der vorletzten Elektronengruppe durch Erhöhung der Elektronenzahl von 8 auf 18 statt; dadurch erklärt sich die Unterteilung

Tabelle III
Das periodische System der Elemente

	I		II		III		IV		V		VI		VII		VIII	
	a	b	a	b	a	b	a	b	a	b	a	b	a	b	a	b
1	1 H															2 He
2	3 Li		4 Be			5 B		6 C		7 N		8 O		9 F		10 Ne
3	11 Na		12 Mg			13 Al		14 Si		15 P		16 S		17 Cl		18 A
4	19 K		20 Ca		21 Sc		22 Ti		23 V		24 Cr		25 Mn		26 Fe 27 Co 28 Ni	
		29 Cu		30 Zn		31 Ga		32 Ge		33 As		34 Se		35 Br		36 Kr
5	37 Rb		38 Sr		39 Y		40 Zr		41 Nb		42 Mo		43 Ms		44 Ru 45 Rh 46 Pd	
		47 Ag		48 Cd		49 In		50 Sn		51 Sb		52 Te		53 J		54 X
6	55 Cs		56 Ba		57—71 seltene Erden		72 Hf		73 Ta		74 W		75 Re		76 Os 77 Ir 78 Pt	
		79 Au		80 Hg		81 Tl		82 Pb		83 Bi		84 Po		85		86 Em
7	87		88 Ra		89 Ac		90 Th		91 Pa		92 U					

der acht Vertikalgruppen des periodischen Systems in je zwei Untergruppen und zugleich die scheinbare Sonderstellung, die in dem periodischen System die der Gruppe VIIIa angehörigen „Triaden" einnehmen (Eisen, Kobalt, Nickel; ferner Ruthenium, Rhodium, Palladium und endlich Osmium, Iridium, Platin). In der sechsten Periode findet überdies eine Vervollständigung der drittletzten vierquantigen Elektronengruppe statt durch Erhöhung der Elektronenzahl von 18 auf 32; und hierdurch erklärt sich wiederum die merkwürdige Sonderstellung, die im periodischen System die fünfzehn Elemente umfassende Gruppe der seltenen Erden einnimmt.[9]

Was nun die Kerne der Atome betrifft, so müssen diese offenbar auch ihrerseits aus Protonen und Elektronen zusammengesetzt sein. Denn da die Masse der Elektronen (wie schon wiederholt erwähnt) neben der Masse der Protonen ganz unmerklich ist, so stellt das auf Wasserstoff bezogene Atomgewicht eines Grundstoffes nichts anderes dar als die Zahl der im Kerne enthaltenen Protonen. Diese Zahl erweist sich aber nun bei den Grundstoffen etwa doppelt so groß als die Kernladungszahl oder noch größer. Daraus muß geschlossen werden, daß im Kerne auch Elektronen enthalten sind, etwa halb so viel wie Protonen. Die Ladungen der im Kerne enthaltenen Protonen werden eben nur zum Teile durch die ebenfalls im Kerne enthaltenen Elektronen kompensiert, so daß eine positive Gesamtladung des Atomkernes resultiert.

Daß auch der Aufbau der Atomkerne durch Quantenbeziehungen geregelt ist, ist sehr wahrscheinlich. Das wichtigste bisher bekannte Phänomen, das sich innerhalb der Atomkerne abspielt, ist der spontane Kernzerfall, dessen Folgeerscheinungen unter dem Sammelnamen der Radioaktivität zusammengefaßt werden. Statt von Kernzerfall sollte man genauer eigentlich von einer Absplitterung von Kernbestandteilen sprechen; und da durch eine solche Absplitterung die Kernladung verändert wird, so müssen natürlich Grundstoffe, die α- oder β-Strahlen aussenden, dadurch eine chemische Umwandlung erfahren.

Da (wie im dritten Vortrag ausgeführt wurde) die α-Teilchen eine Ladung von zwei positiven Elementarquanten haben, so wird durch α-Strahlung die chemische Ordnungszahl um zwei erniedrigt. Die β-Teilchen haben wiederum eine Ladung von einem negativen Elementarquantum, so daß durch β-Strahlung die Ordnungszahl um eins erhöht wird. Andererseits haben die α-Teilchen (wie im dritten Vortrag angegeben wurde) eine Masse von vier Wasserstoffatomen, während die Masse eines β-Teilchens gegen die Masse eines Wasserstoffatoms klein ist. Eine Alpha-Strahlung verschiebt daher einen Grundstoff im periodischen System um zwei Stellen nach links bei gleichzeitiger Verminderung des Atomgewichtes um vier Einheiten. Eine Beta-Strahlung verschiebt ohne eine merkliche Änderung des Atomgewichtes einen Grundstoff um eine Stelle nach rechts. (Dabei soll eine Verschiebung um sechs Stellen nach links gemäß der Tabelle III gleichbedeutend sein mit einer Verschiebung um zwei Stellen nach rechts.) Das Verschiebungsgesetz der Grundstoffumwandlungen haben im Jahre 1913 gleichzeitig, doch unabhängig voneinander, SODDY und FAJANS aufgefunden. Das Verschiebungsgesetz brachte erst die bis dahin vermißte Klarheit in die Lehre von den radioaktiven Umwandlungen; es ermöglichte es den Forschern, den chemischen Charakter aller Umwandlungsprodukte zu bestimmen, vorhandene Lücken auszufüllen, und es führte schließlich auch zu der Entdeckung neuer Radioelemente.

Die Physik kennt heute zwei zusammenhängende Umwandlungsreihen von Elementen. Die eine Reihe geht von dem Uran aus und teilt sich in ihrem weiteren Verlauf in die Radium- und Actiniumreihe. Die Ausgangssubstanz der anderen Reihe ist das Thorium.

Die Tabelle IV stellt die Uranreihe (ohne die sich abzweigende Actiniumreihe) dar. Bei den einzelnen Radioelementen ist eingeklammert angeführt: Ordnungszahl, Atomgewicht, Gruppenzugehörigkeit im periodischen System und endlich die Halbwertszeit (vgl. den dritten Vortrag).[10]

Als Endprodukt erscheint sowohl bei der Uran-Radiumreihe als auch bei der Actinium- und der Thoriumreihe das Blei, in das sich sowohl das Uran als auch das Actinium und das Thorium allmählich verwandeln. Über das Blei hinaus konnten die Umwandlungsreihen bisher nicht verfolgt werden, obwohl kaum anzunehmen ist, daß sie mit dem Blei tatsächlich enden. Nur in zwei Fällen ist bisher auch bei Elementen mit niedrigerer Ordnungszahl als der des Bleis Radioaktivität festgestellt worden, nämlich bei Kalium und Rubidium, die sich beide als β-Strahler erwiesen.

Tabelle IV

Die Uranreihe

Uran I (92, 238, VIa, 4500 Millionen Jahre)
$\alpha\downarrow$
Uran X_1 (90, 234, IVa, 23,8 Tage)
$\beta\downarrow$
Uran X_2 (91, 234, Va, 1,17 Minuten)
$\beta\downarrow$
Uran II (92, 234, VIa, 1 Million Jahre)
$\alpha\downarrow$
Ionium (90, 230, IVa, 76000 Jahre)
$\alpha\downarrow$
Radium (88, 226, IIa, 1580 Jahre)
$\alpha\downarrow$
Radiumemanation (86, 222, VIIIb, 3,825 Tage)
$\alpha\downarrow$
Radium A (84, 218, VIb, 3,05 Minuten)
$\alpha\downarrow$
Radium B (82, 214, IVb, 26,8 Minuten)
$\beta\downarrow$
Radium C (83, 214, Vb, 19,7 Minuten)
$\beta\downarrow$
Radium C' (84, 214, VIb, 10^{-8} Sekunden)
$\alpha\downarrow$
Radium D (82, 210, IVb, 16 Jahre)
$\beta\downarrow$
Radium E (83, 210, Vb, 4,98 Tage)
$\beta\downarrow$
Polonium (84, 210, VIb, 136,5 Tage)
$\alpha\downarrow$
Uranblei (82, 206, IVb, stabil).

Bei den radioaktiven Vorgängen stellt der Kernzerfall einen spontan verlaufenden, in keiner Weise beeinflußbaren Vorgang dar. Es bedeutete daher eine Entdeckung von der größten Tragweite, als im Jahre 1919 RUTHERFORD zum ersten Male eine auf künstlichem Wege vollbrachte Zerlegung eines Grundstoffs nachweisen konnte, und noch dazu eines Grundstoffs von niedriger Ordnungszahl.

Die Grundlage der RUTHERFORDschen Entdeckung bildeten Beobachtungen über den Durchgang von α-Strahlen durch Gase. Wenn ein α-Teilchen mit einem Atomkern des durchquerten Gases zusammenstößt, so erfährt nicht allein das α-Teilchen eine Ablenkung; nach dem bekannten dritten NEWTONschen Bewegungsaxiom (dem Prinzip der Gleichheit von Aktion und Reaktion) muß auch der getroffene Atomkern einen Rückstoß erfahren, und er wird natürlich um so weiter geschleudert, je leichter er ist. Als daher MARSDEN α-Strahlen durch Wasserstoff hindurch sandte, konnte er die (im dritten Vortrag besprochenen) Szintillationen noch auf einem Zinksulfidschirme nachweisen, der um mehr als 80 cm von der Quelle der α-Strahlen entfernt war, obwohl die α-Strahlen selbst nur etwa 24 cm weit reichten. RUTHERFORD hat später auf experimentellem Wege gezeigt, daß die Teilchen dieser so weit reichenden Strahlen in der Tat dieselbe spezifische Ladung haben wie Wasserstoffkerne. Nach dem chemischen Symbol des Wasserstoffes werden darum diese weitreichenden Strahlen als H-Strahlen bezeichnet.

Bald nach der Entdeckung der H-Strahlen machte nun MARSDEN in Gemeinschaft mit LANTSBERRY die überraschende Wahrnehmung, daß ein mit Radium-C überzogenes Nickelblech durch gewöhnliche Luft hindurch Szintillationen in einer Entfernung erregen konnte, die weit größer war als die Reichweite der von dem Radium-C emittierten α-Strahlen.[11] Als RUTHERFORD diese zunächst rätselhafte Erscheinung weiter verfolgte, machte er die wichtige Entdeckung, daß die Zahl der Szintillationen von der Substanz abhing, die den Raum zwischen dem Nickelblech und dem Leuchtschirm ausfüllte. Die Szintillationen blieben aus, wenn der Zwischenraum leer oder anstatt mit Luft mit Kohlensäure oder mit Sauerstoff erfüllt war. Hingegen stieg die Zahl der Szintillationen, als RUTHERFORD die Luft durch reinen Stickstoff ersetzte.

Diese Tatsache führte RUTHERFORD zu dem Schluß, daß die Teilchen der weitreichenden Strahlen nur von einer Zertrümmerung der Stickstoffkerne herrühren können. Durch das Bombardement mit den α-Teilchen gelingt eben diese Zertrümmerung auf künstlichem Wege, während bei den radioaktiven Erscheinungen der Zerfall der Atomkerne spontan erfolgt. Die nähere Untersuchung der weitreichenden, durch die Zertrümmerung der Stickstoffkerne entstehenden Strahlen erbrachte aber nun den Nachweis, daß diese Strahlen in der Tat H-Strahlen sind.

Wie die Berechnungen auf Grund der Szintillationszählungen ergaben, kommt jedoch im Durchschnitt nur ein einziger zertrümmerter Stickstoffkern auf einige hunderttausend emittierte α-Teilchen. Es läßt sich daraus berechnen, daß man mittels eines Gramms Radium[12] in einem Jahre erst ungefähr den tausendsten Teil eines Kubikmillimeters Wasserstoffgas aus Stickstoff erzeugen könnte.

Bei späteren Versuchen ist es RUTHERFORD und CHADWICK gelungen, durch die α-Teilchen des RaC′ Wasserstoffkerne aus den Elementen von Bor (Nr. 5) bis zu Kalium (Nr. 19), jedoch mit Ausschluß von Kohlenstoff und Sauerstoff, frei zu machen. Im Widerspruch zu ihnen fanden auf Grund andersartiger Methoden KIRSCH und PETTERSSON, daß mit Ausnahme von Helium selbst sämtliche Leichtelemente und außerdem zumindest zehn schwerere Elemente (darunter z. B. Kupfer und Eisen) zertrümmerbar seien.[13]

RUTHERFORDS sensationelle Entdeckung der unter Aussendung von H-Strahlen erfolgenden Kernzertrümmerung erscheint wie eine unmittelbare experimentelle Bestätigung einer kühnen Hypothese, die bereits im Jahre 1815 PROUT aufgestellt hatte und nach der die Atome aller Elemente aus Atomen des Wasserstoffs als des leichtesten aller Grundstoffe aufgebaut sein sollen. PROUT hatte damals seine Annahme besonders durch den Hinweis darauf gestützt, daß alle Atomgewichte, auf Wasserstoff bezogen, ganzzahlig seien. Diese Begründung erwies sich indessen später als nicht mehr stichhaltig. Als nämlich die Atomgewichtsbestimmungen verbessert wurden, wurden bei vielen Grundstoffen Abweichungen von der Ganzzahligkeit festgestellt, so namentlich bei dem Chlor, dessen Atomgewicht zu $35^1/_2$ ermittelt wurde — in scheinbar völligem Widerspruch zu der PROUTschen Hypothese, die deshalb zunächst auch wieder in Vergessenheit geriet. Dieser Widerspruch, der seit der Entstehung der Elektronentheorie als besonders störend empfunden werden mußte, fand aber seine vollkommene Lösung durch die Ergebnisse der modernen Atomforschung.

Während nämlich die Kernladung und damit der chemische Charakter bedingt erscheinen durch die Differenz zwischen den im Kerne enthaltenen Protonen und Elektronen, hängt das Atomgewicht von der Gesamtzahl der Protonen ab (weil ja die Masse eines Elektrons neben der Masse eines Protons nicht in Betracht kommt). Es können somit zwei Atome bei gleicher Kernladung gleichwohl verschiedene Masse haben und die Stoffe, denen diese Atome angehören, müßten demnach bei gleicher Stellung im periodischen System, also bei gleichen chemischen Eigenschaften ein verschiedenes Atomgewicht aufweisen. Derartige Stoffe, die also eigentlich nur verschiedene Arten eines und desselben Elementes darstellen, nennt man Isotope (weil auf Griechisch der gleiche Platz „isos topos" heißt und diese Stoffe den gleichen Platz im periodischen System einnehmen). Die Notwendigkeit der Isotopie erhellte im übrigen schon aus der Tatsache, daß für die etwa vierzig bekannten radioaktiven Elemente im periodischen System nur zehn Plätze zur Verfügung standen.[14]

Isotope Stoffe müssen offenbar das gleiche chemische und fast das gleiche physikalische Verhalten zeigen. Verschieden können nur solche Eigenschaften sein, die durch die Kernmasse bedingt sind. Durch chemische Methoden können daher Isotope nicht getrennt werden; und dadurch erklärt sich das Auftreten von sogenannten Mischelementen, die ein Gemenge isotoper Stoffe darstellen. Wegen der völligen Übereinstimmung in dem Verhalten seiner Bestandteile erscheint eben ein solches Gemenge wie ein einheitlicher Stoff.

Fälle von Isotopie wurden bereits im ersten Jahrzehnt des 20. Jahrhunderts bei radioaktiven Elementen wahrgenommen. Waren beispielsweise die Salze von Thorium und von Ionium (der Muttersubstanz des Radiums) irgendwie miteinander vermengt worden, so erwies es sich als völlig unmöglich, sie später durch irgendwelche Methoden wieder voneinander zu trennen; überdies zeigte es sich aber auch, daß die Spektren von Thorium und Ionium vollkommen miteinander übereinstimmen. Ebenso erwiesen sich auch Blei und Radium D als nicht voneinander trennbar und auch das Radium und das aus Thoriummineralien gewonnene Mesothor I.

Auf diese Erkenntnisse gründete bereits im Jahre 1910, also noch vor der Entstehung der Theorie des Kernatoms, SODDY die Vorstellung des Isotopie, die er außer bei den Radioelementen auch bereits bei den anderen, den sogenannten inaktiven Elementen vermutete. In der Tat vermochte im Jahre 1912 J. J. THOMSON durch die Analyse der (schon im dritten Vortrag erwähnten) Kanalstrahlen den Nachweis zu erbringen, daß das Edelgas Neon aus zwei Atomarten von verschiedenem Atomgewicht (20 und 22) zusammengesetzt ist. Im Jahre 1914 bestätigten genaue Messungen auch die Richtigkeit der von SODDY geäußerten Vermutung, daß sich das Atomgewicht des Bleis mit verschiedenen Werten ergeben müsse, je nachdem, ob es sich um „gewöhnliches" Blei handelt oder um Blei, das aus Uranmineralien, oder schließlich um Blei, das aus Thoriummineralien gewonnen ist. (Wie früher erwähnt wurde, wandelt sich ja sowohl Uran als auch Thorium allmählich in Blei um.) Während sich nun das Atomgewicht des gewöhnlichen Bleis zu 207,2 ergibt, hat man in der Tat bei Blei aus Uranmineralien Atomgewichte bis hinab zu 206,05, bei Blei aus Thoriummineralien bis hinauf zu 207,9 gefunden.

Die eigentliche Erforschung der Isotopie begann aber erst, als im Jahre 1919 ASTON durch einen genialen Kunstgriff die Kanalstrahlanalyse zur sogenannten Massenspektroskopie ausgestaltete. Durch geeignete Kombination eines elektrischen und eines magnetischen[15] Feldes konnte es ASTON erreichen, daß alle Teilchen von gleicher Masse auch bei verschiedener Geschwindigkeit wiederum in einem und demselben Punkte oder in derselben Linie zusammentreffen, die sich, falls sie auf einer photographischen Platte liegt, auf dieser scharf abbildet. Durch die Massenspektrogramme, die ASTON derart erhielt, war er in der Lage, die Massen der Teilchen untereinander genau zu vergleichen und derart auch die Atomgewichte der Isotopen genau zu bestimmen; und da erwiesen sich nun in der Tat die Massen der verschiedensten positiven Strahlteilchen als ganzzahlige Vielfache der Masse des Wasserstoffatoms.[16]

Mittels der neuen Methode konnte ASTON nicht nur die THOMSONsche Entdeckung der Isotopie des Neons genauer bestätigen, sondern bald auch zeigen, daß das Chlor, dessen Abweichung von der Ganzzahligkeit stets als besonders störend empfunden worden war, ein Gemisch zweier Isotopen von den genau ganzzahligen Atomgewichten 35,0 und 37,0 darstellt. Da das durchschnittliche Atomgewicht der Mischung 35,46 beträgt, so muß die leichtere Chlorart in etwa dreimal so großer Menge vertreten sein wie die schwerere (was übrigens auch aus der Intensität der Spektrogrammlinien hervorgeht). Die scheinbar gleichmäßige Verteilung der beiden Arten erklärt sich wohl am ehesten aus dem ursprünglich gasförmigen Zustand der Erde.

Über die bisher auf dem Gebiete der Isotopie erzielten Forschungsergebnisse, die außer ASTON selbst vor allem G. P. THOMSON und DEMPSTER zu danken sind, gibt die Tabelle V nach dem Stande vom Sommer 1931 eine Übersicht. Bezüglich der Isotopenzahl besteht ein deutlicher Unterschied zwischen den Elementen mit gerader und jenen mit ungerader Ordnungszahl. Letztere sind verhältnismäßig isotopenarm; sie

Tabelle V

Isotope

Ordnungszahl	Element	Atomgewicht	Zahl der festgestellten Isotopen	Massen der Isotopen, nach ihrem Anteil am Gemisch geordnet
1	Wasserstoff	1,0078	1	1
2	Helium	4,002	1	4
3	Lithium	6,940	2	7, 6
4	Beryllium	9,02	1	9
5	Bor	10,82	2	11, 10
6	Kohlenstoff	12,000	2	12, 13
7	Stickstoff	14,008	2	14, 15
8	Sauerstoff	16,000	3	16, 18, 17
9	Fluor	19,00	1	19
10	Neon	20,18	3	20, 22, 21
11	Natrium	22,997	1	23
12	Magnesium	24,32	3	24, 25, 26
13	Aluminium	26,97	1	27
14	Silicium	28,06	3	28, 29, 30
15	Phosphor	31,02	1	31
16	Schwefel	32,06	3	32, 34, 33
17	Chlor	35,457	2	35, 37
18	Argon	39,94	2	40, 36
19	Kalium	39,104	2	39, 41

Ordnungszahl	Element	Atomgewicht	Zahl der festgestellten Isotopen	Massen der Isotopen, nach ihrem Anteil am Gemisch geordnet
20	Calcium	40,07	2	40, 44
21	Scandium	45,10	1	45
22	Titan	47,90	2	48, 50
23	Vanadium	50,95	1	51
24	Chrom	52,01	4	52, 53, 50, 54
25	Mangan	54,93	1	55
26	Eisen	55,84	2	56, 54
27	Kobalt	58,94	1	59
28	Nickel	58,69	2	58, 60
29	Kupfer	63,57	2	63, 65
30	Zink	65,38	7	64, 66, 68, 67, 65, 70, 69
31	Gallium	69,72	2	69, 71
32	Germanium	72,60	8	74, 72, 70, 73, 75, 76, 71, 77
33	Arsen	74,93	1	75
34	Selen	79,2	6	80, 78, 76, 82, 77, 74
35	Brom	79,916	2	79, 81
36	Krypton	82,9	6	84, 86, 82, 83, 80, 78
37	Rubidium	85,45	2	85, 87
38	Strontium	87,63	3	88, 86, 87
39	Yttrium	88,93	1	89
40	Zirkonium	91,22	4	90, 94, 92, 96
42	Molybdän	96,0	7	98, 96, 95, 92, 94, 100, 97
47	Silber	107,880	2	107, 109
48	Cadmium	112,41	6	114, 112, 110, 113, 111, 116
49	Indium	114,8	1	115
50	Zinn	118,70	11	120, 118, 116, 124, 119, 117, 122, 121, 112, 114, 115
51	Antimon	121,76	2	121, 123
52	Tellur	127,5	4	128, 126, 130, 125
53	Jod	126,93	1	127
54	Xenon	130,2	9	129, 132, 131, 134, 136, 130, 128, 124, 126
55	Cäsium	132,81	1	133
56	Barium	137,36	4	138, 137, 136, 135
57	Lanthan	138,90	1	139
58	Cer	140,13	2	140, 142
59	Praseodym	140,92	1	141
60	Neodym	144,27	4	144, 142, 146, 145
74	Wolfram	184,0	4	184, 186, 182, 183
75	Rhenium	186,31	2	187, 185
76	Osmium	190,9	6	192, 190, 189, 188, 186, 187
80	Quecksilber	200,61	7	202, 200, 199, 201, 198, 204, 198
82	Blei	207,21	4	208, 206, 207, 209
83	Wismut	209,00	1	209

sind entweder sogenannte Reinelemente[17] (mit nur einer Atomart) oder sie weisen zwei Isotope auf, deren Massenzahlen (mit alleiniger Ausnahme von Lithium und Bor am Anfang der Reihe) beide ungerade und um Zwei verschieden sind. Eine größere Isotopenzahl als zwei ist nur bei geraden Grundstoffen festgestellt worden; die größte, nämlich elf, bei Zinn.[18]

Eine partielle Trennung von Isotopen erscheint natürlich nur durch solche Methoden möglich, die die Verschiedenheit der Atommassen benutzen.[19] In der Tat vermochte durch Diffusionsversuche HARKINS, indem er von 20000 Litern Chlorwasserstoff ausging, bei zehn Gramm Chlor eine Verschiebung des Atomgewichtes um 0,055 Einheiten herbeizuführen. BRÖNSTED und HEVESY ist es wiederum gelungen, durch sukzessive Verdampfung zwei Quecksilbersorten herzustellen, die sich in ihrer Dichte um ein halbes Promille unterschieden.[20]

Die Erscheinungen der Isotopie und der Atomzerlegung beweisen es, daß die Atomkerne aus Protonen und Elektronen zusammengesetzte Systeme darstellen.[21] Das Überwiegen der Protonen bewirkt eine positive Gesamtladung der Kerne, die durch die den Kern umkreisenden Elektronen neutralisiert wird. Da die Gruppierung dieser Elektronen um den Kern aber nun durch Quantenbeziehungen geregelt wird, so zeigen die Atome (von denen der Edelgase abgesehen) die Neigung, Elektronen aus ihrem Verband abzugeben oder fremde in ihn aufzunehmen. Dadurch kann die Neutralität der Atome aufgehoben und eine positive oder negative Gesamtladung der Atome herbeigeführt werden. Eine derart resultierende Gesamtladung suchen nun die Atome infolge der von ihnen ausgehenden elektrischen Anziehung dadurch zu neutralisieren, daß sie sich mit anderen, ebenfalls nicht neutralen, jedoch entgegengesetzt geladenen Atomen zu Molekeln einer chemischen Verbindung vereinigen.

Eine derartige Bindung zwischen entgegengesetzt geladenen Atomen wird als eine heteropolare Bindung bezeichnet. Da aber jedes Atom aus einzelnen Protonen und Elektronen zusammengesetzt ist, so können auch zwei neutrale Atome aufeinander eine Anziehung ausüben, woferne entgegengesetzte Teile der beiden Atome einander genügend nahe gebracht werden. In solchen Fällen kommt es zu sogenannten homöopolaren Bindungen.

Die wichtigsten Beispiele homöopolarer Bindungen stellen diejenigen zwischen Atomen desselben Grundstoffs dar. Im gasförmigen Zustand sind (wie aus der Messung der Gasdichte und dem AVOGADROschen Gesetz[22] folgt) die Molekeln des Wasserstoffs, des Stickstoffs, des Sauerstoffs und der Halogene zweiatomig, ferner die des Selens und des Tellurs. Bei Schwefel wurden achtatomige Molekeln festgestellt, bei Phosphor und Arsen bei nicht zu hohen Temperaturen vieratomige. Bei Sauerstoff und Wasserstoff kennt man auch eine dreiatomige Modifikation.[23] Bei den Metallen der ersten Gruppen des periodischen Systems haben die Bestimmungen der Dampfdichte durchwegs zu dem Ergebnis geführt, daß bei ihnen eine Molekelbildung nicht stattfindet, daß also, wie man zu sagen pflegt, ihre Molekeln einatomig sind. Daß dies auch bei den Edelgasen zutrifft, erscheint bei deren völliger chemischer Trägheit selbstverständlich.

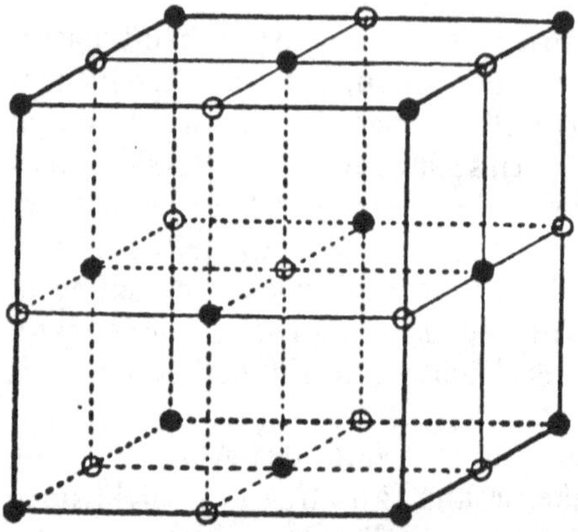

Fig. 5

Als ein besonderer Fall der Molekelbildung muß auch die Kristallbildung angesehen werden, über die die Naturwissenschaft seit LAUES Entdeckung bedeutungsvolle Erkenntnisse zu gewinnen vermochte. Aus den (in dem ersten Vortrag erwähnten) LAUE-Photogrammen leiteten zuerst im Jahre 1913 W. H. und W. L. BRAGG (Vater und Sohn) in klarer Weise die Struktur verschiedener Kristalle ab, so beispielsweise die des Steinsalzkristalls, der eine Verbindung von Chlor- und Natriumatomen in gleicher Zahl darstellt. Wie die BRAGG erkannten, ist die Struktur des

Steinsalzkristalls überaus einfach; es sind nämlich die Natrium- und die Chloratome abwechselnd würfelförmig in gleichen Abständen angeordnet. (In Fig. 5, die man sich nach allen Richtungen hin fortgesetzt zu denken hat, sind die Natrium- und die Chloratome durch kleine, helle und dunkle Kreise unterschieden.) Fig. 6 gibt als anderes Beispiel die Struktur des Diamanten wieder, bei dem sich immer je vier beliebig herausgegriffene benachbarte Kohlenstoffatome zu einem Tetraeder vereinigen lassen. Die Kristalle stellen einzelne Riesenmolekeln dar, in denen aber gleichwohl wegen der völlig regelmäßigen Anordnung die verschiedenen Atomsorten in sehr einfachen Zahlenverhältnissen miteinander verbunden sind, so daß der Kristallverbindung eine einfache chemische Formel und dementsprechend ein bestimmtes Molekulargewicht zugeschrieben werden können.

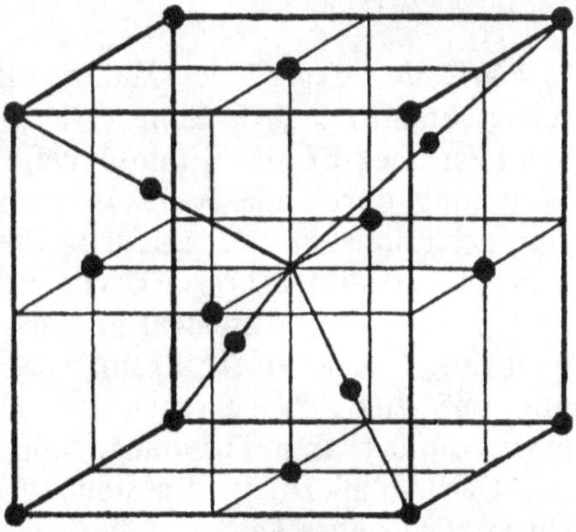

Fig. 6

Der Aufbau der Materie vollzieht sich somit unter der Wirkung elektrischer Kräfte in drei Hauptstufen. Die erste stellt die Bildung der Grundstoffkerne dar, die zweite die Erweiterung des Kernes zu dem Atom, die dritte endlich die Vereinigung der Atome zu den Molekeln, deren Struktur erst die meisten chemischen und physikalischen Eigenschaften der mannigfachen Stoffe bedingt.

*

Sechster Vortrag
Die Relativitätstheorie

Wie der Begriff der Materie durch die Elektronentheorie seinen ursprünglichen Sinn verlor, so hat ein anderer fundamentaler Begriff der Philosophie, der der Zeit, eine völlige Wandlung durch die Relativitätstheorie erfahren, die als eine der kühnsten und großartigsten Schöpfungen des menschlichen Geistes im Jahre 1905 von EINSTEIN begründet worden ist. Die weitere Ausgestaltung der Relativitätstheorie durch EINSTEIN führte zu der Lösung des alten Rätsels der Schwere und ließ zugleich zwischen der Physik und der Geometrie einen wunderbaren Zusammenhang erkennen.

Den Anlaß zu der Entstehung der Relativitätstheorie gab ein merkwürdiges Dilemma. Aus den Formeln der sogenannten „klassischen" Physik folgte nämlich, daß es in optischer Hinsicht so etwas wie eine absolute Bewegung geben müsse, während in mechanischer Hinsicht der Begriff einer absoluten Bewegung bereits als völlig sinnlos erkannt war.[1] Nehmen wir nämlich an, daß sich für einen Beobachter das Licht nach allen Richtungen gleich schnell fortpflanze, und fassen wir einen zweiten Beobachter ins Auge, der sich gegen den ersten irgendwie bewege, so könnte in bezug auf diesen zweiten Beobachter nach den Formeln der sogenannten klassischen Physik die Ausbreitung des Lichtes unmöglich in allen Richtungen gleich rasch erfolgen.

Hieraus schien sich die Folgerung zu ergeben, daß bei einer bestimmten, geistvoll erdachten Anordnung eines optischen Versuches ein Einfluß der Erdbewegung auf die Lichtausbreitung in merklicher Größe offenbar werden müsse. Aber hiervon war, als das schwierige Experiment von dem amerikanischen Physiker MICHELSON im Jahre 1881 tatsächlich durchgeführt wurde[2], nicht eine Spur zu bemerken. Dieses Ergebnis verblüffte die Physiker im höchsten

Grade, obwohl es ihnen doch von vornherein hätte unwahrscheinlich vorkommen müssen, daß es in einem Zweige der Physik, nämlich in der Optik, eine absolute Bewegung gebe, in einem anderen Zweige, nämlich in der Mechanik, hingegen nicht. Der theoretischen Physik entstand nun die schwierige Aufgabe, den Widerspruch zu lösen, der derart zwischen der Erfahrung und der klassischen Physik entstanden war.[3] Seine vollständige Lösung gelang erst dem Genie EINSTEINS, und zwar durch die Aufdeckung eines Vorurteils, das einmal in die Physik Eingang gefunden, sich aber derart tief eingewurzelt hatte, daß man sich seiner gar nicht mehr bewußt war; und dieses Vorurteil bestand in der Vorstellung einer absoluten Zeit.[4]

Erst EINSTEIN hat die Haltlosigkeit dieser zum Dogma gewordenen Vorstellung erkannt und sie durch einen neuen, wahrhaft revolutionären Gedanken ersetzt. Es war der Gedanke, daß allen Zeitangaben, mittels deren ein physikalischer Vorgang beschrieben wird, nur eine relative Bedeutung zukommen könne. Nach EINSTEIN sollen nämlich alle Zeitangaben vom Standpunkt des beschreibenden Beobachters abhängen und daher für zwei Beobachter verschieden sein, die gegeneinander bewegt sind. Andererseits muß aber zwischen den verschiedenen Zeiten zweier gegeneinander bewegter Beobachter wiederum, wie der MICHELSONsche Versuch zeigt, ein bestimmter Zusammenhang bestehen. Es müssen nämlich beide Beobachter, obwohl gegeneinander bewegt, gleichwohl von ihrem Standpunkt aus mit demselben Recht behaupten können, daß sich für sie das Licht nach allen Richtungen mit derselben Geschwindigkeit fortpflanze.

Die Forderung der Relativität der Zeit und das Postulat des eben angegebenen Zusammenhanges zwischen zwei verschiedenen relativen Zeiten bilden den Inhalt des sogenannten Relativitätsprinzipes von EINSTEIN. Man kann es also etwa in der Form aussprechen, daß die Zeitangaben, mittels deren ein physikalischer Vorgang beschrieben wird, relativ und von dem Standpunkt des beschreibenden Beobachters abhängig sind; daß aber andererseits die Zeitangaben durch die Forderung bedingt sind, daß sich, durch sie ausgedrückt, für den Beobachter das Licht stets nach allen Richtungen mit derselben Geschwindigkeit ausbreiten muß.

Aus dem Relativitätsprinzip ergibt sich als unmittelbare Folgerung, daß es ebensowenig wie ein absolutes Zeitmaß auch ein absolutes Längenmaß geben kann. Hat ein Stab für einen Beobachter, für den er ruht, eine bestimmte Länge, so muß er für einen Beobachter verkürzt erscheinen, der gegen den ersten Beobachter bewegt ist. Ein in bezug auf die Erde ruhender Stab, der für einen irdischen Beobachter eine Länge von einem Meter hat, würde beispielsweise für einen Beobachter auf der Sonne, für den er bewegt wäre, um den zweihunderttausendsten Teil eines Millimeters verkürzt erscheinen. So klein auch diese Verkürzung ist, so ist sie doch die Ursache der Ergebnislosigkeit des MICHELSONschen Versuches.[5] Andererseits erscheint nach dem Relativitätsprinzip ein irdischer Vorgang für einen Beobachter, der ihn von der Sonne aus wahrnimmt, langsamer zu verlaufen als für einen irdischen Beobachter. Ja selbst der Begriff der Gleichzeitigkeit verliert seine Bedeutung. Zwei Ereignisse, die in bezug auf einen bestimmten Beobachter gleichzeitig zu erfolgen scheinen, scheinen es nicht für einen Beobachter, der gegen den ersten bewegt ist. Auch der Begriff der Gestalt wird zu einem relativen Begriff. Ein Körper, der in bezug auf einen Beobachter ruht und diesem als kugelförmig erscheint, erscheint einem Beobachter, für den der Körper bewegt ist, als abgeplattetes Rotationsellipsoid. Eine sehr wichtige Folgerung, zu der das Relativitätsprinzip führt, ist auch die, daß man durch Zusammensetzung von Geschwindigkeiten nie eine größere Geschwindigkeit als die Lichtgeschwindigkeit erhalten kann.[6] Überlichtgeschwindigkeiten erscheinen nach dem Relativitätsprinzip unmöglich. Die Lichtgeschwindigkeit spielt in der Relativitätstheorie eine ähnliche Rolle wie in der Mathematik das Unendliche.

Alle diese Folgerungen erscheinen natürlich zunächst im höchsten Grade paradox; es ist nicht leicht, ihren Sinn zu erfassen, sich an sie zu gewöhnen, und daraus erklärt sich auch der heftige Widerstand, dem die Relativitätstheorie anfangs vielfach begegnete. Aber sehr bald hat sich das Relativitätsprinzip als eine Entdeckung von der allergrößten Tragweite offenbart. Denn noch in demselben Jahre, in dem EINSTEIN sein Prinzip aufstellte, erkannten bereits er und andere Forscher, zu welchen Umwälzungen das neue Prinzip notwendigerweise in der Physik führt.

Zu den Grundlagen der klassischen Physik gehört bekanntlich vor allem das sogenannte zweite NEWTONsche Bewegungsaxiom. Es lehrt, daß die Beschleunigung stets dieselbe Richtung habe wie die Kraft, und daß das Verhältnis beider, also das Verhältnis der Kraft zu der durch sie hervorgerufenen Beschleunigung, einen von der Größe und von der Richtung der Kraft unabhängigen Wert habe, den man eben als die träge Masse des beschleunigten Körpers bezeichnet. Aus dem Relativitätsprinzip folgt, daß dieses für die klassische Mechanik fundamentale Gesetz nur eine angenäherte, keineswegs aber eine völlige Richtigkeit besitzt. Es gilt nur für solche Bewegungen, die für den sie beschreibenden Beobachter eine gegen die Lichtgeschwindigkeit geringe Schnelligkeit besitzen. Erfolgen aber die Bewegungen für den Beobachter so rasch, daß ihre relative Geschwindigkeit zu dem Beobachter nicht mehr klein ist gegenüber der Lichtgeschwindigkeit, dann muß der Beobachter Abweichungen von den Grundgesetzen der klassischen Mechanik wahrnehmen. Die Richtung der Beschleunigung weicht dann von der Richtung der Kraft im allgemeinen ab. Vor allem aber hängt die Masse auch von der Geschwindigkeit ab.[7] Wenn sich die Geschwindigkeit der Lichtgeschwindigkeit nähert, so wächst die Masse sehr rasch, derart, daß ein Beobachter einem Körper, der gegen ihn mit Lichtgeschwindigkeit bewegt wäre, eine unendlich große Masse zuschreiben müßte.

So paradox auch diese merkwürdigen Folgerungen der Relativitätstheorie jedem, der an die klassische Physik gewöhnt ist, zunächst erscheinen müssen, so sind sie doch in großartiger Weise durch das Experiment bestätigt worden. Der Experimentalphysik ist ja ein Phänomen wohl bekannt, bei dem sich tatsächlich mit träger Masse begabte Körperchen mit Geschwindigkeiten bewegen, die bis zu 99,8% der Lichtgeschwindigkeit betragen. Es ist dies die (im dritten Vortrag besprochene) Erscheinung der Beta-Strahlen, für die sich sowohl die Geschwindigkeit ermitteln ließ, als auch die spezifische Ladung ihrer Teilchen, also das Verhältnis zwischen deren Ladung und deren Masse. Da die Ladung von der Geschwindigkeit unabhängig ist, so müßte nach der Relativitätstheorie, infolge der Zunahme der Masse, mit wachsender Geschwindigkeit die spezifische Ladung kleiner werden. Die experimentelle Untersuchung hat in der Tat diese Abnahme gezeigt, und zwar in vollkommener quantitativer Übereinstimmung mit den Formeln der Relativitätstheorie.

Noch in demselben Jahre, in dem EINSTEIN das Relativitätsprinzip aufstellte, entdeckte er auch als notwendige Folge des Prinzips einen Satz von der größten Tragweite, den man als Satz von der Trägheit der Energie bezeichnet. EINSTEIN fand nämlich, daß ein jeder Körper, der seinen Energieinhalt verändert, dabei auch eine Änderung seiner Masse erfahren müsse. Vermindert sich z. B. der Energieinhalt eines Körpers durch Wärmeausstrahlung, so vermindert sich dabei auch seine Masse um einen Betrag, der gleich ist dem Betrag der abgegebenen Energie, dividiert durch das Quadrat der Lichtgeschwindigkeit. Vermehrt sich der Energieinhalt, etwa durch Erwärmung oder durch Absorption von Strahlung, um einen bestimmten Betrag, so vermehrt sich auch die Masse um diesen Betrag, wieder dividiert durch das Quadrat der Lichtgeschwindigkeit.

Hieraus mußte nun weiter geschlossen werden, daß überhaupt jeder Energie als solcher eine träge Masse zukommt, ja weiterhin, daß überhaupt alle Masse nur in der Energie ihren Ursprung habe. Masse und Energie werden so identische Begriffe, verschieden nur durch einen Proportionalitätsfaktor. Dieser ist durch die Verschiedenheit des Maßes bedingt und eben gleich dem Quadrate der Lichtgeschwindigkeit. Jeder Energie kommt an sich Masse zu und jeder Masse eine sogenannte Eigenenergie.[8] So erscheinen die Prinzipe von der Erhaltung der Masse und von der Erhaltung der Energie, also die Gesetze von LAVOISIER und MAYER durch die Relativitätstheorie zu einem einzigen Prinzip vereinigt. Die Ursache dafür, daß trotzdem mit sehr großer Annäherung beide Sätze eine selbständige Rolle zu spielen scheinen, liegt in der verschwindenden Kleinheit der Massenänderungen, die mit beobachtbaren Energieänderungen verbunden sind. So würde z. B. selbst bei der verhältnismäßig ungeheuren Wärmeentwicklung des Radiums der auf ein Gramm Radium bezogene und durch die Wärmeabgabe bedingte Massenverlust eines Radiumpräparates in einem Jahre nur etwa den 20000sten Teil eines Milligramms ergeben, also einen kaum nachweisbaren Betrag.[9]

Es ist wohl staunenswert, welche Fülle von neuen, die Physik völlig umwälzenden Sätzen sich innerhalb eines Jahres aus dem EINSTEINschen Relativitätsprinzip ergab. Den tieferen Sinn des Relativitätsprinzipes hat aber nun der Göttinger Mathematiker MINKOWSKI im Jahre 1908 erfaßt. Durch das Relativitätsprinzip wird ja ein Zusammenhang ausgedrückt zwischen der relativen Zeit und den drei räumlichen Koordinaten, deren sich die Physik zur Angabe einer Stelle im Raume bedient. Diesen Zusammenhang kann man, wie MINKOWSKI entdeckte, auch dahin geometrisch interpretieren, daß sich das mit entgegengesetztem Vorzeichen genommene Quadrat der noch mit der Lichtgeschwindigkeit multiplizierten Zeit und die Quadrate der drei räumlichen Koordinaten untereinander ebenso verhalten wie die Quadrate von vier Koordinaten in einer vierdimensionalen Geometrie.[10]

Die vierdimensionale Mannigfaltigkeit, die derart als eine Verknüpfung von Raum und Zeit erscheint, bezeichnet man als die MINKOWSKI-Welt. Einem Punkte in ihr, einem sogenannten „Weltpunkt", kommen vier Koordinaten zu, drei räumliche und eine zeitliche. Nehmen wir an, daß sich ein bewegter Körper zu einer bestimmten Zeit an einem bestimmten Orte befinde, der durch drei räumliche Koordinaten angebbar ist; dann kann diese Tatsache symbolisch zum Ausdruck gebracht werden durch Fixierung eines Weltpunktes, dessen räumliche Koordinaten eben den Koordinaten jenes Ortes entsprechen und dessen zeitliche Koordinate der Zeit entspricht, zu der sich der bewegte Körper an jenem Orte befindet.

Durch Aneinanderreihung von Weltpunkten ergibt sich eine „Weltlinie", und die Bewegung jedes (punktförmig gedachten) Körpers erscheint somit durch eine Weltlinie symbolisch dargestellt. Der Standpunkt des die Bewegung beschreibenden Beobachters äußert sich lediglich darin, wie in der MINKOWSKI-Welt das vierdimensionale Koordinatensystem gelegt wird, dessen eine Achse als die zeitliche erscheint. Die Neigung der Weltlinie gegen diese zeitliche Achse stellt die Geschwindigkeit dar, die der bewegte Körper für den Beobachter besitzt. Ist die Weltlinie gerade, hat sie also in ihrem ganzen Verlaufe gegen die gewählte zeitliche Achse dieselbe Neigung, so erscheint demnach durch die Weltlinie eine gleichförmige Bewegung dargestellt, nämlich eine Bewegung, die in gleichbleibender Richtung mit gleichbleibender Geschwindigkeit erfolgt. Durch eine gekrümmte Weltlinie ist hingegen eine ungleichförmige Bewegung dargestellt, wobei wiederum durch die Krümmung die Beschleunigung bestimmt ist.

Durch das von EINSTEIN im Jahre 1905 aufgestellte Relativitätsprinzip hat nun wohl der Begriff der absoluten Ruhe für die Physik jede Bedeutung verloren. Aber trotzdem war durch dieses Prinzip der Begriff der absoluten Bewegung noch keineswegs völlig beseitigt worden. Denn die Gleichwertigkeit zweier gegeneinander bewegter Systeme bleibt zunächst doch auf den Spezialfall einer gleichförmig fortschreitenden Bewegung beschränkt. Wenn es auch nach dem Relativitätsprinzip kein einzeln bevorzugtes Bezugssystem geben kann, so bleibt doch noch eine Mannigfaltigkeit ausgezeichneter Koordinatensysteme übrig, die alle gegeneinander gleichförmig bewegt sind. Nur in bezug auf diese ausgezeichneten Systeme erscheint die Bewegung eines Körpers gleichförmig, der lediglich dem Einflusse seiner Trägheit, seines Beharrungsvermögens, unterliegt. Ein Beobachter hingegen, der eine solche Bewegung auf ein anderes System bezieht, wird stets das Vorhandensein sogenannter Trägheitskräfte feststellen, für die die Zentrifugalkraft ein allgemein bekanntes Beispiel darstellt und ebenso die scheinbare Kraft, durch die auf der rotierenden Erde die östliche Ablenkung der frei fallenden Körper hervorgeruft wird.[11] Der Ruck, den man in einem Eisenbahnzuge bei einem plötzlichen Bremsen oder bei dem Durchfahren einer scharfen Kurve empfindet, ist ebenso die Wirkung solcher Trägheitskräfte wie das Phänomen des FOUCAULTschen Pendelversuches oder die auf die Erdrotation zurückgeführte Abplattung der Erde.

So fühlen wir uns zu der Annahme verleitet, daß es zwar keine absoluten Geschwindigkeiten gebe, wohl aber absolute Beschleunigungen und absolute Rotationen. Eine solche

Annahme würde letzten Endes ja aber doch eine Rückkehr zu den durch das Relativitätsprinzip überwundenen Vorurteilen bedeuten, zu den NEWTONschen Thesen eines absoluten Raumes und einer absoluten Zeit. Es ist begreiflich, daß mit einer solchen, nur partiellen und in sich widerspruchsvollen Relativität sich die theoretischen Physiker auf die Dauer nicht zufrieden geben konnten, und am allerwenigsten der Schöpfer der Relativitätstheorie selbst. Eine genial einfache Überlegung brachte EINSTEIN auf den richtigen Weg, auf dem er freilich noch ungeheure Schwierigkeiten überwinden mußte, um zu dem Ziele selbst zu gelangen.

Um EINSTEINS Grundgedanken zu verstehen, denken wir uns einen Beobachter A und ferner einen kleinen Körper, der sich nur unter dem Einfluß seines Beharrungsvermögens in einer bestimmten Richtung bewege, die etwa als z-Richtung bezeichnet werde. Für den Beobachter A wird sich dann natürlich der Körper geradlinig gleichförmig bewegen. Wir denken uns nun einen zweiten Beobachter B, der sich von dem ersten Beobachter A in der z-Richtung mit einer konstanten Beschleunigung f fortbewegen möge. Für den Beobachter B wird die Bewegung des Körpers natürlich gleichförmig beschleunigt erscheinen, beschleunigt im Betrage f entgegengesetzt der z-Richtung. Wir denken uns nun verschiedene Körper von verschiedener Masse und verschiedener chemischer Beschaffenheit, etwa einen aus Blei und einen aus Stein und einen aus Kork und so fort; sie mögen sich in irgendwelchen Richtungen mit irgendwelchen Geschwindigkeiten bewegen, jedoch nur unter dem Einfluß der eigenen Trägheit. Für den Beobachter B werden dann natürlich alle diese Körper die gleiche, von der Masse und der chemischen Beschaffenheit unabhängige Beschleunigung aufweisen, nämlich vom Betrage f und entgegengesetzt der z-Richtung; und diese Tatsache wird der Beobachter B, wenn er gar nichts von dem Beobachter A und seiner eigenen Beschleunigung gegen jenen weiß, offenbar so deuten, daß er ein homogenes Schwerefeld annehmen wird, in dem er sich befinde. Denn für ein solches ist es, wie die Physiker seit GALILEI wissen, charakteristisch, daß alle in ihm befindlichen Körper dieselbe, von allen ihren Eigenschaften unabhängige Beschleunigung erfahren.

Für die Beschreibung der physikalischen Vorgänge, die sich in der Umgebung der beiden Beobachter abspielen, ist es also ganz gleichgültig, ob man sich auf den Standpunkt des Beobachters *A* stellt oder aber auf den Standpunkt des gegen den Beobachter *A* gleichförmig beschleunigten Beobachters *B*, der überdies ein homogenes Schwerefeld annimmt. Die physikalischen Vorgänge bieten keine Möglichkeit, eine Entscheidung zwischen den beiden Auffassungen zu treffen, die danach als gleichberechtigt angesehen werden müssen[12]; und diese Erkenntnis, die man als das EINSTEINsche Äquivalenzprinzip zu bezeichnen pflegt, läßt uns bereits vermuten, daß mit dem Problem der allgemeinen Relativität offenbar auf das engste das Problem der Gravitation verknüpft sein muß.

Durch das Äquivalenzprinzip auf den richtigen Weg geleitet, vermögen wir den Grundgedanken der allgemeinen Relativitätstheorie zu ahnen, daß, wie die Gravitationskräfte, so auch die Trägheitskräfte überhaupt, die für das Verhalten eines bewegten Körpers an einer bestimmten Raumstelle zu einer bestimmten Zeit charakteristisch sind, nicht eine Folge absoluter Beschleunigungen sind, sondern bestimmt sind durch die räumlich-zeitliche Verteilung der Materie in der Welt. Umgekehrt aber eröffnet sich dadurch auch wieder die Möglichkeit einer Auffassung, die in dem Gravitationsgesetz nichts anderes erblickt als die durch ein wahrhaft allgemeines Relativitätsprinzip geforderte Verallgemeinerung des GALILEIschen Beharrungsgesetzes.

Wie wäre nun eine Verallgemeinerung dieses Gesetzes möglich? Es lehrt, daß sich ein jeder Körper, auf den keine äußeren Kräfte wirken, in gerader Bahn mit konstanter Geschwindigkeit bewegt. Aus dem Dreidimensionalen in das Vierdimensionale übersetzt, bedeutet also nach dem früher Gesagten das Beharrungsprinzip, daß die Weltlinie, die eine kräftefreie Bewegung darstellt, eine Gerade sein müsse. Ist nun diese Aussage noch einer Verallgemeinerung fähig? In der Tat gelingt eine solche durch eine Verallgemeinerung der geometrischen Grundlagen der Physik.

Um dies zu verstehen, wollen wir der Einfachheit halber zunächst an die zweidimensionale Geometrie denken. Wann eine in einer Zeichenebene gezogene Linie als Gerade anzusehen ist, kann wohl kaum fraglich erscheinen. Nun ist aber eine zweidimensionale Geometrie ebensowohl wie in einer Ebene auch in einer Kugelfläche, ja überhaupt in jeder beliebig gekrümmten Fläche möglich; und die Frage, wann eine in einer solchen Fläche gezogene Linie als gerade anzusehen sei, ist schon schwieriger zu beantworten. Wir betrachten etwa auf einem Globus zwei Punkte, die auf demselben Parallelkreis liegen, aber wesentlich verschiedene geographische Längen haben mögen. Da wir zweidimensionale Geometrie betreiben, können wir natürlich aus der Globusfläche nicht hinaus. Was ist aber dann die in der Globusfläche gezogene Gerade, die die beiden Orte verbindet? Ist es das Stück des Parallelkreises zwischen ihnen? Damit die Frage überhaupt einen Sinn habe, muß offenbar erst der vage Begriff der „Geraden" durch einen allgemeineren, wohl definierten ersetzt werden; und dieser, der Geometrie schon längst bekannt, ist der der geodätischen Linie, die definiert ist als die kürzeste Verbindungslinie zwischen zwei Punkten in der Fläche. Auf Grund dieser Definition erkennt man (was nur als Beispiel angeführt sei) durch eine geometrische Untersuchung, daß das Stück des Parallelkreises zwischen den beiden vorhin betrachteten Punkten keineswegs eine geodätische Linie darstellt, daß man eine solche vielmehr erhält, wenn man durch einen der beiden Punkte einen größten Kugelkreis legt, der zugleich durch den zweiten Punkt hindurch geht. Wir verlegen dazu vorübergehend den Pol in den einen Punkt und wählen nun aus der Mannigfaltigkeit der Meridiane denjenigen aus, der durch den zweiten Punkt hindurchgeht.

Nun können wir uns wohl eine gekrümmte Fläche anschaulich vorstellen, also eine zweidimensionale Mannigfaltigkeit, die in eine dreidimensionale „eingebettet" ist; dagegen können wir uns nicht einen gekrümmten Raum vorstellen, der ja an sich schon dreidimensional ist. Aber das Fehlen einer menschlichen Vorstellungsmöglichkeit bietet kein Hindernis für eine abstrakt mathematische Behandlung. Nachdem zuerst Gauss im Jahre 1827 eine allgemeine Flächentheorie entwickelt hatte, zeigte im Jahre 1854 der Mathematiker Riemann, wie auch unsere übliche dreidimensionale räumliche Geometrie aufgefaßt werden kann als Spezialfall einer allgemeineren dreidimensionalen Geometrie, in der also der Raum ebenso „gekrümmt" ist wie in einer zweidimensionalen Geometrie die Fläche; und was für die dreidimensionale Geometrie gilt, das gilt ebenso, wie auch schon RIEMANN wußte, für jede Geometrie von beliebiger Dimensionszahl; es muß also auch gelten für die als MINKOWSKI-Welt bezeichnete vierdimensionale Mannigfaltigkeit, die Raum und Zeit miteinander verknüpft. Auch diese haben wir uns, wenn wir ihrer mathematischen Behandlung statt einer speziellen eine allgemeine Geometrie zugrunde legen, als gekrümmt zu denken, wobei natürlich der Grad der Krümmung von Stelle zu Stelle in stetiger Weise verschieden sein kann.

EINSTEINS genialer Gedanke war es nun, daß die Krümmung der MINKOWSKI-Welt in einem Zusammenhang stehe mit der räumlich-zeitlichen Materieverteilung. EINSTEINS verallgemeinertes Beharrungsgesetz, das eben zugleich das neue Gravitationsgesetz darstellt, sagt nichts anderes aus, als daß sich ein jeder Körper stets so bewege, daß seine Weltlinie geodätisch sei in der durch die Materie gekrümmten MINKOWSKI-Welt.[13]

Diese Auffassung der Gravitation führt unmittelbar zu einer sehr bedeutungsvollen Folgerung. Wir denken uns an irgendeiner Raumstelle und zu irgendeiner Zeit einen Körper mit irgendwelcher Geschwindigkeit; doch sei seine Masse nur eine „Probemasse", d. h. sie sei so klein, daß sie das materielle Feld und also auch die Krümmung der MINKOWSKI-Welt nicht merklich zu beeinflussen vermag. Die Bewegung der Probemasse ist dann nach dem vorhin Gesagten durch die geodätische Linie dargestellt, die an dem betreffenden Weltpunkt in der Richtung gelegt wird, die der gegebenen Geschwindigkeit entspricht. Nun denken wir uns nochmals den Probekörper an demselben Orte, zu derselben Zeit und mit derselben Geschwindigkeit; doch sei diesmal seine Masse nur halb so groß wie vorhin. Die Bewegung wird nun durch genau dieselbe geodätische Linie dargestellt wie in dem ersten Fall. Andererseits ist aber, wie früher gezeigt wurde, durch die Weltlinie für einen gegebenen Beobachter die Beschleunigung vollkommen bestimmt; wird also das Gravitationsgesetz als eine Verallgemeinerung des Beharrungsgesetzes angesehen, so ergibt sich aus dieser Auffassung als notwendige Folge, daß die als Gravitationswirkung interpretierte Beschleunigung von der Masse unabhängig sein muß.

Diese Erkenntnis können wir auch anders ausdrücken. In üblicher Weise definieren wir als die träge Masse eines Körpers das konstante Verhältnis, das zwischen einer beliebigen, an dem Körper angreifenden Kraft und der durch sie hervorgerufenen Beschleunigung besteht (von der relativistischen Korrektion sehen wir hier ab). Wir gelangen so zu einer Einheitsmasse, deren Größe von den benutzten Einheiten der Kraft und der Beschleunigung abhängt. Andererseits können wir nun wiederum die Masse von Körpern derart feststellen, daß wir es messen, eine wieviel mal größere Anziehung sie im Gravitationsfelde erfahren als jene Einheitsmasse. Die Zahl, die dieses Verhältnis darstellt, bestimmt dann die schwere Masse des Körpers. Wenn nun tatsächlich die Beschleunigung im Schwerefeld von der trägen Masse unabhängig ist, dann muß nach dem zweiten NEWTONschen Bewegungsaxiom die Schwerkraft der trägen Masse genau proportional sein. Es muß also der doppelten trägen Masse die doppelte Schwerkraft entsprechen, also auch die doppelte schwere Masse und so fort; es müssen ganz allgemein schwere und träge Masse identisch sein.

Diese Erkenntnis fand einen bestimmten Ausdruck ja schon in GALILEIS Feststellung, daß alle Körper, von welcher Masse immer, im leeren Raume gleich rasch fallen. In der klassischen Mechanik wurde es als ganz selbstverständlich hingenommen, daß die träge Masse dem Gewicht proportional sei. Auf das genaueste wurde die Richtigkeit dieser Annahme durch Präzisionsmessungen von EÖTVÖS (1890) bestätigt. Diese Messungen gründen sich darauf, daß das Gewicht der Körper eine Resultierende aus zwei Kräften darstellt, aus der sogenannten reinen Attraktion und aus der Zentrifugalkraft, die durch die Erdrotation hervorgerufen wird. Während jene Kraft durch die schwere Masse bedingt ist, hängt diese von der trägen Masse ab. Die mit außerordentlicher Genauigkeit durchgeführten Messungen von EÖTVÖS zeigten nun, daß bei größter Verschiedenheit der Masse und der chemischen Beschaffenheit gleichwohl nicht der mindeste Richtungsunterschied der resultierenden Kraft feststellbar war. Der Satz von der Identität der schweren und der trägen Masse erscheint durch diese Messungen völlig sichergestellt. Aber während er vor EINSTEIN als eine Selbstverständlichkeit galt, über die die Physiker nicht weiter nachdachten, ist erst durch EINSTEINS Theorie der tiefere Grund dieser merkwürdigen Gesetzmäßigkeit offenbar geworden.

Das neue Gravitationsgesetz ist aber nun natürlich noch unvollständig, solange wir nicht wissen, nach welcher Beziehung die MINKOWSKI-Welt durch die Materie gekrümmt ist. Um auch zu der Lösung dieser Frage geführt zu werden, denken wir uns in einer irgendwie gekrümmten Fläche ein zweifaches System von Kurvenscharen, die wir als x- und y-Kurven unterscheiden wollen, wobei aber keine x-Kurve eine andere x-Kurve und keine y-Kurve eine andere y-Kurve schneiden soll (Fig. 7). Wir können uns dann jede der aufeinanderfolgenden x-Kurven mit fortlaufenden Zahlen bezeichnet denken und ebenso jede y-Kurve. Wir können uns aber auch etwa zwischen den Kurven $x = 6$ und $x = 7$ noch neun dazwischen liegende Kurven gezeichnet denken, die natürlich wiederum einander nicht schneiden sollen, und können dann diesen Kurven die Zahlenwerte 6,1; 6,2; ... 6,9 zuordnen. Ebenso können wir auch wiederum zwischen den Kurven $x = 6{,}1$ und $x = 6{,}2$ neun Kurven einschieben und diesen die Zahlenwerte geben 6,11; 6,12 ... 6,19. Auf diese Weise können wir schließlich jedem Punkte der Fläche zwei Zahlenwerte, einen x- und einen y-Wert zuordnen und diese dann im weiteren Sinne dieses Wortes als die Koordinaten des betreffenden Punktes ansehen; wir bezeichnen sie als seine GAUSSischen Koordinaten. Die in der ebenen Geometrie in üblicher Weise benutzten CARTESischen Koordinatensysteme stellen natürlich nur Spezialfälle der GAUSSischen dar.

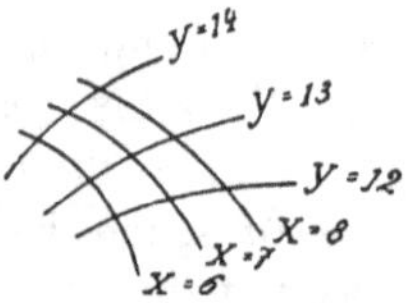

Fig. 7.

Wir wollen uns nun, nachdem wir ein GAUSSisches Koordinatensystem derart festgelegt haben, in der Fläche drei benachbarte, also ein Dreieck bildende Punkte gezeichnet denken. In dem Sonderfall der ebenen Geometrie wären dann durch die Koordinaten der drei Punkte die Längen der Dreiecksseiten, die Winkel und der Flächeninhalt des Dreiecks vollkommen bestimmt. In einer Geometrie auf einer ganz beliebig gekrümmten Fläche ist dies jedoch nicht der Fall. Die Angaben der Koordinaten reichen dann zur Bestimmung der Längen, der Winkel und des Flächeninhalts noch nicht aus. Es muß überdies, wie GAUSS erkannte, noch eine Größe gegeben sein, die man den metrischen Fundamentaltensor nennt. In bezug auf ein bestimmtes, in der Fläche gelegtes Koordinatensystem ist dieser Tensor durch drei Komponenten gegeben. Die Dreizahl erklärt sich daraus, daß er zwei Komponenten nach den beiden Koordinatenachsen und gewissermaßen eine nach der Koordinatenfläche hat.

Dieser Tensor muß für die betreffende Stelle, an der wir uns das kleine Dreieck konstruiert dachten, unbedingt gegeben sein, wenn wir aus den Koordinaten der drei Punkte die Seiten, die Winkel und den Inhalt berechnen wollen. Er bestimmt erst die Maßverhältnisse[14]; er geht darum auch notwendigerweise in alle Formeln einer allgemeinen Flächentheorie ein. Umgekehrt kann der Fundamentaltensor auch wieder durch Ausmessungen des vorhin erwähnten Dreiecks ermittelt werden, ohne daß man etwas darüber zu wissen braucht, wie an der betreffenden Stelle die Fläche „in den Raum gebettet" ist. Eine allgemeine Flächengeometrie hat also überhaupt erst dann einen Sinn, sie ist überhaupt erst dann möglich, wenn für jede Stelle der Fundamentaltensor gegeben ist, der im allgemeinen natürlich von Stelle zu Stelle in stetiger Weise verschieden sein kann.

Im allgemeinen ist die Zahl der Komponenten des Fundamentaltensors gleich der Summe aus der Zahl der Koordinatenachsen und der Koordinatenflächen. In der dreidimensionalen Geometrie hat daher der Fundamentaltensor drei plus drei oder sechs und in einer vierdimensionalen Geometrie vier plus sechs oder zehn Komponenten. (Denn in einer vierdimensionalen Geometrie gibt es sechs Koordinatenflächen; eine wird gebildet von der ersten und zweiten Koordinatenachse, eine von der ersten und dritten, eine von der ersten und vierten, eine von der zweiten und dritten, eine von der zweiten und vierten und schließlich eine von der dritten und vierten Koordinatenachse.)

Läßt also die Physik das willkürliche Vorurteil fallen, daß die Geometrie in der MINKOWSKI-Welt sozusagen eben, also frei von Krümmung sein müsse, dann muß sie aus geometrischer Notwendigkeit jeder Stelle der MINKOWSKI-Welt einen bestimmten Wert des zehnkomponentigen Fundamentaltensors zuordnen, der von Stelle zu Stelle nur in stetiger Weise verschieden sein kann. Andererseits ist die räumlich-zeitliche Verteilung der Materie, mit anderen Worten also die räumliche Verteilung der Materie und ihr Geschwindigkeitszustand, ebenfalls durch einen zehnkomponentigen sogenannten Tensor darstellbar, der ebenfalls an jeder Stelle der MINKOWSKI-Welt seinen bestimmten Wert hat.

Mittels einiger plausibler Annahmen gelangte nun EINSTEIN zu einem bestimmten Zusammenhang, der diesen sogenannten Materie-Tensor mit dem Fundamentaltensor und mit solchen Größen verknüpft, die sich aus dem Fundamentaltensor durch reine Rechenoperationen ableiten lassen. Seinen Ausdruck findet dieser Zusammenhang in den sogenannten EINSTEINschen Feldgleichungen; und das EINSTEINsche Gravitationsgesetz sagt demnach aus, daß die Bewegung eines Massenpunktes durch eine geodätische Linie in der MINKOWSKI-Welt dargestellt sei, deren durch die Materie bedingte Krümmung wiederum den Feldgleichungen genügen muß.

Da sowohl die geodätische Linie als auch die Weltkrümmung von dem benutzten GAUSSischen Koordinatensystem völlig unabhängig ist, so gilt somit auch das EINSTEINsche Gravitationsgesetz, mit anderen Worten also das verallgemeinerte Beharrungsgesetz, für jedes beliebige GAUSSische Koordinatensystem. Andererseits findet ein jeder Wechsel des Bezugssystems, der im Raume als Übergang zwischen zwei ganz beliebig gegeneinander bewegten dreidimensionalen Koordinatensystemen erscheint, im Vierdimensionalen immer seine Darstellung durch einen Übergang von einem zu irgendeinem anderen GAUSSischen Koordinatensystem.

Das verallgemeinerte Beharrungsgesetz muß also in der Form des EINSTEINschen Gravitationsgesetzes in genau gleicher Weise für zwei verschiedene räumliche Koordinatensysteme gelten, wie immer auch diese gegeneinander bewegt sein mögen. Bei dem Übergang von einem zu einem anderen Bezugssystem ändern sich nur die Komponenten der in dem Gesetz auftretenden Tensorgrößen, und die dadurch mit dem Übergang verknüpften Änderungen sind es eben, die von der klassischen Mechanik als Trägheitskräfte interpretiert wurden, die je nach der Wahl des Bezugssystems verschieden ausfallen. Durch die neue Theorie erscheint so das Relativitätspostulat in vollkommenster Weise erfüllt. Darum wird die EINSTEINsche Gravitationstheorie auch als die allgemeine Relativitätstheorie bezeichnet und ihr die frühere EINSTEINsche Theorie (da sie in der neuen als Sonderfall erscheint) als spezielle Relativitätstheorie gegenübergestellt.

In erster Annäherung ergibt das EINSTEINsche Gravitationsgesetz das bekannte NEWTONsche Attraktionsgesetz, demzufolge die anziehende Kraft zwischen zwei Körpern dem Produkte ihrer Massen direkt und dem Quadrate ihres Abstandes umgekehrt proportional ist. Das NEWTONsche Gesetz stellt aber nur einen Spezialfall des EINSTEINschen Gravitationsgesetzes dar, das natürlich viel allgemeiner sein muß als das NEWTONsche.

In der Tat folgt aus dem EINSTEINschen Gesetz die Notwendigkeit verschiedener Erscheinungen, die sich aus dem NEWTONschen Gesetz nicht ableiten lassen, und hierdurch ist nun auch die Möglichkeit gegeben, die allgemeine Relativitätstheorie an der Erfahrung zu überprüfen. Da ergibt sich nun zunächst aus dem EINSTEINschen Gesetz im Gegensatze zu dem NEWTONschen die wichtige Folgerung, daß die Ellipsen, die die einzelnen Planeten um die Sonne beschreiben, eine ständige, sehr langsame Drehung (in ihrer eigenen Ebene) erfahren müssen, und zwar in um so höherem Ausmaß, je näher der Planet der Sonne ist. Nun hat in der Tat schon in der Mitte des 19. Jahrhunderts der Astronom LEVERRIER entdeckt, daß sich die Bahn des der Sonne nächsten Planeten, des Merkur, um einen Winkel von 43 Bogensekunden in einem Jahrhundert dreht; um so viel ist nämlich die tatsächlich beobachtete Drehung größer, als sie nach der Anziehung aller in Betracht kommenden Himmelskörper sein sollte. Diese Anomalie der Merkurbahn war den Astronomen ein völliges Rätsel gewesen; man hatte aus ihr sogar schon auf die Existenz eines unbekannten Planeten geschlossen, der zwischen der Merkurbahn und der Sonne liege und der die vermeintlichen Störungen der Merkurbahn verursache. Aus der EINSTEINschen Theorie folgt nun nicht nur die Tatsache der Drehung der Merkurbahn, sondern sie ergibt sich durch die Berechnung auch in der tatsächlich beobachteten Größe.

Aus der EINSTEINschen Theorie folgt ferner, daß Spektrallinien, die von Sternen mit sehr großer Masse herrühren, eine Verschiebung nach dem roten Ende des Spektrums zeigen müßten. In der Tat ist ein solcher Effekt in verschiedenen Erscheinungen angedeutet, ohne daß jedoch bisher ein überzeugender Nachweis gelungen wäre.

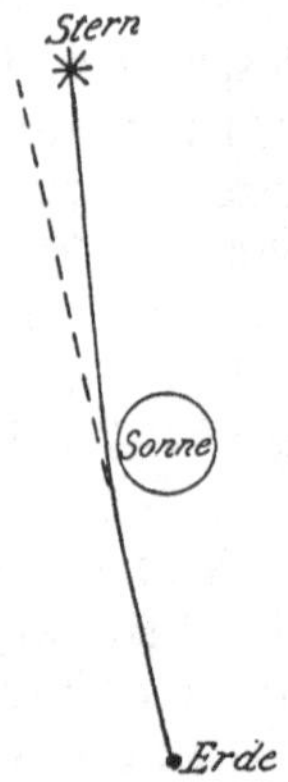

Fig. 8.

Aus der EINSTEINschen Gravitationstheorie folgt endlich, daß Lichtstrahlen bei dem Vorbeigehen an Massen gekrümmt werden müßten. Ein von einem Stern herrührender Strahl, der unmittelbar an der Oberfläche der Sonne vorbeigelangt, müßte nach der EINSTEINschen Theorie eine Biegung von insgesamt 1,7 Bogensekunden erfahren; geht er an der Sonne in einer Entfernung des doppelten Sonnenhalbmessers (vom Zentrum gemessen) vorbei, so wäre die Krümmung halb so groß, und so fort. Infolge der Strahlkrümmung könnte aber nun der den Strahl aussendende Stern einem irdischen Beobachter nicht an seinem tatsächlichen Orte erscheinen; die Sterne, die der Sonne am Himmel benachbart sind, müßten daher um ein klein wenig von der Sonne weg verschoben erscheinen, und zwar um so mehr, je näher sie der Sonne sind (Fig. 8).

Nun sind allerdings die Sterne, die in der Nähe der Sonne stehen, im allgemeinen unsichtbar; aber während einer totalen Sonnenfinsternis können sie wahrgenommen und photographiert werden. Bei einer solchen Sonnenfinsternis müßte sich also der „EINSTEIN-Effekt“, falls er tatsächlich vorhanden ist, offenbaren. Während verschiedener totaler Sonnenfinsternisse wurde nun die Sonne mit den sie umgebenden Fixsternen photographiert, und die genauen Ausmessungen der Photographien ergaben in der Tat den von EINSTEIN vorausgesagten Effekt; allerdings erweist er sich auf Grund der genauen Messungen anläßlich einer Sonnenfinsternis von 1930 um ungefähr 30 Prozent größer, als er nach der allgemeinen Relativitätstheorie sein sollte.

*

Siebenter Vortrag

Die neue Mechanik

Wie in der Geschichte der Physik das letzte Jahrzehnt des 19. Jahrhunderts durch die Begründung der Elektronentheorie, das erste des 20. Jahrhunderts durch die Schöpfung der Relativitätstheorie und das zweite durch die Entstehung der Quantentheorie des Atoms charakterisiert erscheint, so ist für das dritte Jahrzehnt unseres Jahrhunderts die Erkenntnis der Materiewellen und die hierdurch hervorgerufene Neubegründung der Mechanik kennzeichnend.

Die Theorie der Materiewellen steht in einem gewissen Zusammenhang mit dem alten Gegensatz zwischen der Emissions- und der Undulationstheorie des Lichtes. Die erste Hälfte des 19. Jahrhunderts hatte den Sieg der Auffassung gebracht, die das Licht auf wellenartigen Vorgängen beruhen ließ, und hatte dadurch die andere Auffassung verdrängt, die sich das Licht aus Korpuskeln zusammengesetzt dachte, die viel wesentliche Eigenschaften mit materiellen Teilchen gemeinsam haben sollten.

Die schon öfter erwähnte, von EINSTEIN im Jahre 1905 begründete Vorstellung der Lichtquanten bedeutete aber nun doch eine Rückkehr zu der scheinbar völlig aufgegebenen korpuskularen Auffassung. Diese Auffassung erwachte zu neuem Leben, wenn auch freilich neben ihr die undulatorische Auffassung als eine vollkommen gesicherte Erkenntnis beibehalten wurde. Experimente, die im Jahre 1923 ARTHUR H. COMPTON glückten, offenbarten es, daß bei Zusammenstößen zwischen Lichtquanten und Elektronen[1] sowohl das Gesetz von der Erhaltung der Energie als auch der Satz von der Erhaltung der Bewegungsgröße erfüllt sind, woferne man jedem Lichtquant eine derartige Bewegungsgröße zuschreibt, daß das Produkt aus ihr und der Wellenlänge das elementare Wirkungsquantum ergibt. Aus den schon in dem letzten

Vortrag im Zusammenhang mit der Relativitätstheorie besprochenen astronomischen Beobachtungen über die Ablenkung der Lichtstrahlen im Schwerefeld sowie über die Rotverschiebung (also über die Frequenzverminderung der aus dem Schwerefelde fortgeschleuderten Lichtquanten[2]) mußte endlich geschlossen werden, daß die Lichtquanten nicht nur träge, sondern auch schwere Masse besitzen. Die Erneuerung der alten Vorstellung der Lichtkorpuskeln erscheint also in der Tat gerechtfertigt.

Wenn nun die optische Korpuskulartheorie dem Lichte die wesentlichen Eigenschaften der Materie zuschrieb, nämlich ihre diskontinuierliche Struktur, ihre Trägheit und ihre Schwere, dann lag auch umgekehrt der Gedanke nahe, auf die Materie diejenige Eigentümlichkeit zu übertragen, die vor allem das Licht charakterisiert, nämlich dessen Wellennatur. Als Gegenstück zu der korpuskularen Auffassung des Lichtes ist derart im Jahre 1924 durch LOUIS DE BROGLIE die Vorstellung der Materiewellen begründet worden. Die DE BROGLIEsche Theorie überträgt auf die Materie die auf dem Gebiete der Lichtquanten bewährte Beziehung, die das elementare Wirkungsquantum dem Produkt aus der Bewegungsgröße und der Wellenlänge gleichsetzt. Mittels dieser Beziehung ordnet die DE BROGLIEsche Theorie jedem bewegten Materieteilchen eine bestimmte Wellenlänge zu (die Bewegungsgröße des Materieteilchens ist dabei in elementar bekannter Weise durch das Produkt aus seiner Masse und seiner Geschwindigkeit gegeben). Für Elektronen, die von glühenden Drähten emittiert werden, ergibt sich beispielsweise die zugehörige DE BROGLIEsche Wellenlänge von derselben Größenordnung wie die Wellenlänge weicher Röntgenstrahlen.

Die Hypothese der Materiewellen führt, wie DE BROGLIE zu zeigen vermochte, unmittelbar zu einem bedeutungsvollen Ergebnis, wenn sie auf periodische Bewegungen in geschlossenen Bahnen angewendet wird. Solche erscheinen nämlich, wie DE BROGLIE erkannte, nur dann möglich, wenn die Länge der geschlossenen Bahn ein ganzzahliges Vielfaches derjenigen Wellenlänge darstellt, die der mit dem Materieteilchen verknüpften Materiewelle zukommt. Nur dann ist eine periodische Bewegung möglich, ähnlich, wie Töne von bestimmten Wellenlängen nur bei solchen Saitenlängen möglich sind, die ein ganzzahliges Vielfaches der betreffenden halben Wellenlänge darstellen. Dadurch löst sich das Mysterium der Atommechanik. Denn dadurch wird es verständlich, warum die in den Atomen umlaufenden Elektronen nur ausgezeichnete Bahnen beschreiben können, und zwar nur solche, für die (was ja auch früher so rätselhaft erschien) eine die Bewegung charakterisierende mechanische Größe ein ganzzahliges Vielfaches einer in ihrem Wesen optischen Fundamentalkonstante darstellt; nämlich des elementaren Wirkungsquantums, das die Energieelemente des Lichtes bestimmt. Die durch BOHR im Jahre 1913 begründete Atommechanik, die früher durch eine kaum überbrückbare Kluft von der „Makromechanik" getrennt schien, wurde so durch DE BROGLIE in das System der letzteren eingefügt.

Obwohl die Ideen DE BROGLIES zunächst sehr seltsam erscheinen mußten, können sie heute als in einwandfreier Weise durch die experimentelle Erfahrung gesichert angesehen werden. Die für das Licht charakteristischen Phänomene der Interferenz und der Beugung konnten von verschiedenen Forschern auch durch Elektronen, also durch Schwärme von Materieteilchen, hervorgerufen werden. Durch einen bahnbrechenden Versuch zeigten zunächst im Jahre 1927 DAVISSON und GERMER, daß Elektronenschwärme bei ihrem Auftreffen auf Kristalle genau so selektiv, d. h. nur in ausgezeichneten Richtungen reflektiert werden, die dies von den Röntgenstrahlen bekannt ist (vgl. den ersten Vortrag). DAVISSON und GERMER konnten sogar aus ihren Beobachtungen die den Elektronen entsprechenden Wellenlängen berechnen; sie fanden sie in der Tat, gemäß der DE BROGLIEschen Theorie, gleich dem durch die Bewegungsgröße dividierten elementaren Wirkungsquantum. Sehr schöne Beugungserscheinungen erhielt auch G. P. THOMSON, als er Elektronen durch dünne Folien aus Metall oder Zelluloid hindurchsandte. RUPP vermochte sogar an optischen Gittern durch Elektronen Beugungserscheinungen hervorzurufen und aus ihnen mit einer Genauigkeit von etwa fünf Prozent die durch die Theorie geforderten Wellenlängen richtig zu berechnen.

Ein Jahr, nachdem DE BROGLIE seine neue Theorie entwickelt hatte, also im Jahre 1925, erkannte SCHRÖDINGER, daß sie auch die Möglichkeit einer Verfeinerung der Mechanik bietet. Wenn man die Lichtquanten rein korpuskular auffaßt, also das zugehörige Wellenfeld vernachlässigt, so erhält man bekanntlich die Gesetze der sogenannten Strahlenoptik oder geometrischen Optik. Erst die Berücksichtigung der mit den Strahlen verknüpften periodischen Vorgänge führt zu den feineren Gesetzmäßigkeiten der „physikalischen" Optik. SCHRÖDINGER vollzog nun die analoge Verfeinerung auf mechanischem Gebiete.

Die SCHRÖDINGERsche Theorie beruht auf dem Gedanken, daß die klassische Mechanik der Strahlenoptik vergleichbar und daher nur auf das makrophysikalische Geschehen anwendbar sei, daß hingegen in der Anwendung auf das atommechanische Geschehen an die Stelle der klassischen Mechanik eine undulatorische Bewegungstheorie treten müsse.

Die Beziehung, auf die SCHRÖDINGER seine neue Mechanik gründete und die die Ausbreitung der Materiewellen beschreibt, ist nun eine Gleichung, eine sogenannte Differentialgleichung, von einem Typus, wie er nicht nur den Mathematikern, sondern auch den Physikern, beispielsweise aus der Akustik, längst bekannt war. Auch wußten die Mathematiker schon lange, daß solche Gleichungen endliche Lösungen im allgemeinen nur dann zulassen, wenn bestimmte konstante Größen, die in der Gleichung auftreten (man nennt sie Parameter) ganz bestimmte Werte besitzen. Diese werden als die Eigenwerte der Gleichung bezeichnet. So hat z. B. eine bestimmte Gleichung, die in der Atomphysik eine Rolle spielt, die ungeraden Zahlen zu Eigenwerten, eine andere, die ebenfalls für die Atomphysik wichtig ist, die Produkte zweier benachbarter Zahlen, also die Zahlen 2; 6; 12; 20 usw.

In der SCHRÖDINGERschen Grundgleichung tritt aber nun die Energie auf. Den Eigenwerten der atomphysikalischen Gleichungen entsprechen daher ganz bestimmte Werte der Energie, so daß deren Quantisierung (im Sinne der BOHR-SOMMERFELDschen Theorie) als eine mathematische Notwendigkeit erscheint. So ermöglicht es die SCHRÖDINGERsche Theorie, eine Fülle rein mathematischer Erkenntnisse, die schon im 19. Jahrhundert gewonnen worden waren, für die Probleme der Atomphysik zu verwerten.

Bereits einige Monate vor der Aufstellung der SCHRÖDINGERschen Theorie versuchte es auch HEISENBERG, der Mechanik eine derartige Verallgemeinerung zu geben, daß sie dadurch zu einer zwanglosen Erklärung der Bewegungsvorgänge in den Atomen befähigt würde. Während DE BROGLIE und SCHRÖDINGER bestrebt waren, das atomare Geschehen mittels der Methoden der klassischen Physik zu erklären, ging HEISENBERG von der entgegengesetzten Auffassung aus. Er meinte, daß nur ein endgültiger Verzicht auf die hergebrachten klassischen Vorstellungen zu einem wirklichen Verständnis der atomphysikalischen Besonderheiten führen könne. Hierzu müsse aber in der Atomtheorie jeder Versuch einer Anschaulichkeit als sinnlos und zwecklos von Anfang an vermieden werden; hierzu müßten aus der theoretischen Physik alle diejenigen Größen ausgemerzt werden, die einer experimentellen Beobachtung nicht zugänglich sein können.

In der Tat gelang es HEISENBERG, eine neue, von ihm als Quantenmechanik bezeichnete Bewegungslehre zu konstruieren, die alle durch die Erfahrung nicht kontrollierbaren Vorstellungen von Elektronenbahnen völlig vermeidet und die nur Beziehungen zwischen beobachtbaren atomphysikalischen Größen, nämlich zwischen Frequenzen und Intensitäten von Spektrallinien enthält. Eine eingehendere Schilderung dieser kühnen, aber auch schwierigen Theorie ist hier freilich nicht möglich.[3] Das Überraschendste war, daß sich ihre Ergebnisse in allen Fällen, in denen sie von denen der früheren Quantentheorie abwichen, mit denen der SCHRÖDINGERschen Theorie deckten und daß sich in der Tat, trotz der grundverschiedenen Ausgangsvorstellungen die HEISENBERGsche und die SCHRÖDINGERsche Theorie als gleichbedeutend erwiesen.

Die Äquivalenz der beiden Auffassungen hängt enge mit der Frage zusammen, wie vom Standpunkte der Korpuskulartheorie der Begriff der Materiewelle zu deuten sei, und dieses Problem ist wiederum der Frage verwandt, wie die zu neuem Leben erweckte korpuskulare Auffassung des Lichtes mit der so wunderbar bewährten undulatorischen Theorie des Lichtes in Einklang gebracht werden könnte. Es schien zunächst freilich sehr schwierig, vom korpuskulartheoretischen Standpunkte aus die wohlbekannten Phänomene der Lichtinterferenz und der Lichtbeugung zu verstehen und den fundamentalen Begriff der Lichtintensität zu deuten. Es wurde allmählich klar, daß nur die statistische Auffassung des physikalischen Geschehens den Ausweg aus diesen Schwierigkeiten bringen konnte. Die Lichtintensität erscheint dann lediglich als ein Maß der Wahrscheinlichkeit, die für das Eintreffen von Lichtquanten an der betreffenden Stelle zu der gegebenen Zeit besteht. Je größer diese Wahrscheinlichkeit ist, desto größer ist auch die Helligkeit.

Durch eine derartige statistische Interpretation wird auch eine Annahme überflüssig, zu der die Tatsache der Interferenz zunächst wohl die Anhänger der Korpuskulartheorie verleiten konnte, daß nämlich Lichtquanten einander wechselseitig zerstören. Die statistische Auffassung liefert eine viel einfachere Deutung; daß nämlich, trotz der Nähe von Lichtquellen, unter Umständen die Wahrscheinlichkeit für das Eintreffen von Lichtquanten an einer Stelle so gering sein kann, daß diese Stelle dunkel bleibt. Nach der modernen Auffassung erscheint so das individuelle Verhalten der Lichtquanten in statistischer Hinsicht durch ein Wellenfeld geregelt, das eben den Lichtquanten zugeordnet werden muß.

In einer ähnlichen Weise hat Born die Materiewellen statistisch aufgefaßt und diejenige Größe, die der Intensität jener Wellen entspricht, als die Wahrscheinlichkeit gedeutet, die für das Eintreffen eines Materieteilchens an der betreffenden Stelle des Feldes besteht. Die Berechtigung dieser Annahme erhellt in der Tat aus Beobachtungen über den lichtelektrischen Effekt (vgl. den vierten Vortrag). Aus der Wellenmechanik folgt nämlich, daß ein von einer Lichtwelle getroffener Körper unter Umständen Materiewellen aussenden muß. Nach der Bornschen Auffassung müßten diese Wellen die Richtungsverteilung der durch den lichtelektrischen Effekt ausgelösten Elektronen bestimmen; tatsächlich ergeben sich nun für die Richtungsverteilung aus der Theorie Beziehungen, die durch die Erfahrung gut bestätigt werden.

Die statistische Interpretation der Materiewellen löst auch den scheinbaren Widerspruch, der darin besteht, daß die Schrödingersche Theorie Kontinuität und raum-zeitliche

Darstellbarkeit des atomaren Geschehens voraussetzt und gleichwohl mit der HEISENBERGschen Quantenmechanik äquivalent ist, die jene beiden Voraussetzungen verwirft. Wie HEISENBERG nachdrücklich hervorhob und nachwies, ist nämlich eine exakte Bestimmung atommechanischer Vorgänge unmöglich, und damit verliert eigentlich auch das Kausalprinzip seine Bedeutung für die Physik. Denn dieses Prinzip, nach dem die genaue Kenntnis der Gegenwart eine exakte Berechnung der Zukunft ermöglicht, wird gegenstandslos, wenn eine genaue Kenntnis der Gegenwart unerreichbar ist. Wenn nun auch möglicherweise die elementaren Prozesse der Physik in keiner Weise determiniert, also vielleicht ganz willkürlich sind, so können gleichwohl die Wahrscheinlichkeiten, die diesen individuellen Prozessen aus statistischen Gründen zuzuordnen sind, wie kontinuierlich veränderliche und wie determinierte Größen behandelt werden.

Eine solche Auffassung eröffnet natürlich auch neue Perspektiven für die Beurteilung der physikalischen Gesetzlichkeit als solcher. In den Mittelpunkt des naturphilosophischen Interesses rückt immer mehr die Frage, ob es in der Natur überhaupt eine andere Gesetzlichkeit als eine rein statistische gibt, die wegen ihrer Allgemeinheit von der Physik mit anderen Wissenschaften, wie etwa der Nationalökonomie, zu teilen wäre. Gegen die völlige Ausschließung nichtstatistischer Gesetzmäßigkeiten scheinen allerdings Versuchsergebnisse zu sprechen, die den vorhin erwähnten COMPTON-Effekt betreffen und aus denen man schließen kann, daß die Sätze von der Erhaltung der Energie und der Bewegungsgröße auch für den Zusammenstoß zwischen einem einzelnen Lichtquant und einem einzelnen Elektron erfüllt sind.

Eine sehr bedeutungsvolle Fortentwicklung haben die wellen- und quantenmechanischen Ideen im Jahre 1928 durch den englischen Physiker DIRAC gefunden, der übrigens bereits im Jahre 1925, gleichzeitig mit HEISENBERG und SCHRÖDINGER, eine neue Atommechanik begründet hatte. DIRAC vermochte zu zeigen, daß aus der neuen Quantentheorie in Verbindung mit der Relativitätstheorie notwendigerweise die Existenz eines merkwürdigen und für die Atomphysik fundamentalen Phänomens folgt, das zuerst im Jahre 1925 von den beiden niederländischen Physikern UHLENBECK und GOUDSMIT postuliert worden war, nämlich die Eigenrotation, der sogenannte Spin der Elektronen, der ihnen die Eigenschaften winziger Magnete verleiht. Diese Hypothese, die sich bald als ungemein fruchtbar in der Theorie der Spektren, des Atombaus und des Magnetismus erwiesen hatte, hat durch die neue DIRACsche Theorie ihre nachträgliche Rechtfertigung gefunden.

Bereits in den ersten Jahren nach ihrer Begründung haben die Quanten- und die Wellenmechanik durch eine Fülle wichtiger Anwendungen ihre außerordentliche Fruchtbarkeit erwiesen. Die mannigfachen Anwendungen in der Theorie der Spektren, der Lichtdispersion, des lichtelektrischen und des COMPTON-Effektes sind freilich zu schwierig, um hier besprochen werden zu können. Zu bedeutungsvollen Folgerungen führte auch die Vorstellung der wellenmechanischen Resonanz.

Wenn tatsächlich im Sinne der DE BROGLIEschen Vorstellung jedes Materieteilchen mit einem Schwingungsvorgang verknüpft ist, dann müssen im atomphysikalischen Geschehen wohl auch Resonanzphänomene eine wesentliche Rolle spielen. HEISENBERG ist es zuerst gelungen, durch Berücksichtigung dieser „wellenmechanischen" oder „quantenmechanischen" Resonanz eine befriedigende Erklärung für das bis dahin rätselhafte spektroskopische Verhalten des neutralen Heliumatoms zu finden. Wie nun im Heliumatom Resonanz zwischen den beiden Planetenelektronen des Atoms eintritt, so sind auch in den Grundstoffmolekeln (z. B. H_2 oder N_2 oder O_2 usw.) Effekte zu erwarten, die durch Resonanz zwischen den gleich beschaffenen Atomkernen hervorgerufen werden. In der Tat vermochte derart HEISENBERG merkwürdige Erscheinungen zu deuten, die schon früher in den von Grundstoffmolekeln gelieferten Spektren aufgefallen waren; ja die nähere Untersuchung des von der Sauerstoffmolekel gelieferten Spektrums führte im Jahre 1929 auf wellenmechanischer Grundlage sogar GIAUQUE und JOHNSTON zu der Entdeckung zweier Sauerstoffisotopen von den Massenzahlen 18 und 17, die wegen ihres geringen Anteiles auf anderem Wege nicht hatten nachgewiesen werden können und die mit dem Sauerstoff vom Atomgewicht 16 molekulare Bindungen eingehen. Der spektroskopischen Entdeckung der

Sauerstoffisotope folgte bald auch die Entdeckung von Isotopen des Stickstoffs und Kohlenstoffs.

Theoretische Überlegungen, die die wellenmechanische Resonanz innerhalb der Wasserstoffmolekeln betrafen, führten schließlich auch zu der bedeutungsvollen experimentellen Entdeckung des Parawasserstoffs. Auf Grund von wellenmechanischen Betrachtungen gelangte im Jahre 1927 DENNISON zu der Vermutung, daß Wasserstoff eine Mischung von zwei verschiedenen Molekelarten darstellen müsse. Bei der einen, als Orthowasserstoff bezeichneten Art von Molekeln müssen die beiden in einer Molekel vereinigten Wasserstoffkerne in demselben Sinne rotieren, also parallel gleich gerichtete Magnete sein. Bei der anderen, als Parawasserstoff bezeichneten Molekelart müssen hingegen die Eigenrotationen der beiden Wasserstoffkerne entgegengesetzt sein, die Kerne demnach antiparallele Magnete darstellen.

DENNISON gelangte weiter zu der Folgerung, daß bei nicht zu tiefen Temperaturen, also etwa oberhalb des Eispunktes, das Mengenverhältnis zwischen den Ortho- und Paramolekeln 3 : 1 sein müsse, daß sich jedoch mit abnehmender Temperatur das statistische Gleichgewicht zugunsten des Parawasserstoffs verschiebe; bei -253^0 C müßte der Anteil der Paramolekeln z. B. 99,7$^0/_0$ betragen. Aus der Wellenmechanik folgte allerdings auch, daß sich unter gewöhnlichen Verhältnissen die Einstellung des statistischen Gleichgewichtes bei fortschreitender Abkühlung nur äußerst langsam vollziehen kann, so daß auch nach Monaten noch keine wesentliche Anreicherung eintritt.

Wie im Jahre 1929 EUCKEN entdeckte, läßt sich nun die Einstellung des Gleichgewichtes durch Anwendung hohen Druckes außerordentlich beschleunigen. Dieselbe Entdeckung glückte gleichzeitig auch BONHOEFFER und HARTECK, die eine besondere Beschleunigung dadurch erzielten, daß sie überdies Holzkohle als Katalysator verwandten. Indem sie bei der Temperatur des flüssigen Wasserstoffs an Holzkohle Wasserstoff adsorbieren und sodann wieder verdampfen ließen, erhielten sie praktisch reinen Parawasserstoff, wobei die Herstellung des Gleichgewichtes nicht mehr als zwanzig Minuten erforderte. Der Nachweis der Anreicherung des Parawasserstoffs gelang bei gleichzeitiger exakter Berechnung des prozentualen

Gehaltes an ihm durch die Messung der spezifischen Wärme, die bei tiefen Temperaturen für den Parawasserstoff größer als für den Orthowasserstoff ist. Mittels spektroskopischer Methoden ist der experimentelle Nachweis des Parawasserstoffs übrigens bereits vor EUCKEN und BONHOEFFER MAC LENNAN gelungen.

Durch die Wellenmechanik ist der scharfe Gegensatz zwischen der Materie und dem Lichte jedenfalls sehr gemildert und dadurch die Vereinheitlichung des physikalischen Naturbildes wesentlich gefördert worden. Positive und negative elektrische Ladungen erscheinen heute als die Bausteine des Weltalls. Auf mannigfache Art sind sie zu Systemen angeordnet, die wir Atome nennen. Die Art der Anordnung bedingt die chemische Natur der Atome, deren innerer Bau wieder durch Quantenbeziehungen geregelt wird. Aus elektrischen Eigenschaften folgt der Schein einer mechanischen Masse. Infolge ihrer Ladung und ihrer Bewegung rufen die Elektronen ein elektromagnetisches Feld hervor, das räumlich-zeitlich periodisch ist. Der Raum ist daher von elektromagnetischen Wellen von allen möglichen Schwingungszahlen erfüllt. Nur ein winzig kleiner Ausschnitt des Spektrums offenbart sich dem vollkommensten menschlichen Sinnesorgane, dem Auge, als Licht. Gesamtheitserscheinungen, bei denen eine große Zahl materieller Individuen beteiligt ist, bedingen die Phänomene der Wärme. Raum und Zeit aber, in denen sich alle Vorgänge abzuspielen scheinen, sind miteinander zu einer vierdimensionalen Mannigfaltigkeit verknüpft, deren Geometrie sich in der Erscheinung der Schwere äußert. Korpuskulare und undulatorische Auffassung erscheinen schließlich heute sowohl bei der Materie als auch bei dem Lichte als einander notwendig ergänzende Züge der physikalischen Naturerklärung.

So enthüllt uns die neue Physik ein Naturbild von großer Einfachheit. In der Tat ist nicht die Natur kompliziert. Kompliziert war nur der Weg, der zu ihrer wahren Erkenntnis führte. Er war es, weil er seinen Ausgang nahm von den eng begrenzten Sinnen des Menschen und weil nur allmählich der theoretischen Physik die Loslösung von menschlichen Gesichtspunkten gelang.

*

Anmerkungen

Anmerkungen zum ersten Vortrag

[1] Das Reflexionsgesetz wurde schon im Altertum entdeckt, das Brechungsgesetz jedoch erst im 17. Jahrhundert von SNELLIUS aufgefunden.

[2] Während des 18. Jahrhunderts und in den ersten zwei Jahrzehnten des 19. Jahrhunderts standen einander Undulations- und Emissionstheorie gegenüber. Jene faßte das Licht als mechanische Wellen, diese faßte es substantiell auf und ließ es aus kleinsten Teilchen bestehen. Zu der Emissionstheorie hat wohl NEWTON den Grund gelegt, wenn er es auch absichtlich vermied, sich für eine bestimmte Hypothese zu entscheiden. Aber es wäre ganz verfehlt, wollte man deshalb NEWTONS Verdienste um die theoretische Optik gering schätzen. NEWTONS bedeutungsvolle Entdeckung der Periodizität des Lichtes ist unabhängig von allen speziellen Vorstellungen; ja, vom modernen Standpunkt aus muß sogar einer Theorie der Vorzug gegeben werden, die nur allgemein von Periodizität und nicht speziell von mechanischen Wellen sprach.

[3] Zwischen zwei gleichen Zuständen liegt jedoch nur dann eine volle Periode, wenn nicht nur die Zustände selbst gleich sind, sondern auch der Richtungssinn ihrer Änderungen; mathematisch gesprochen, muß in beiden Fällen der zeitliche Differentialquotient der den Zustand messenden Größe dasselbe Vorzeichen haben.

[4] Diese Definition ist nicht ganz genau. Sie soll auch nur dem Laien den schwierigen modernen Begriff der Welle leichter verständlich machen. Wegen der genauen Definition vergleiche man etwa des Verfassers „Einführung in die theoretische Physik“ (5. u. 6. Aufl.), § 42.

[5] Charakteristisch für diese Denkrichtung ist der Ausspruch von HUYGENS, daß man in der wahren Wissenschaft die Ursachen aller Wirkungen nur durch die Denkweise der Mechanik begreifen könne, wolle man nicht für immer auf jede Hoffnung verzichten, überhaupt je etwas in der Physik zu verstehen. Sehr gefördert wurde die mechanisierende Tendenz der Physik durch die lange so einflußreiche Philosophie des DESCARTES.

[6] HUYGENS dachte sich die Lichtwellen ganz analog den Schallwellen der Luft und nahm sie auch gleich diesen longitudinal an.

[7] Die Lichtgeschwindigkeit beträgt 300000 km in der Sekunde; das Licht braucht daher ungefähr acht Minuten zur Zurücklegung des Weges von der Sonne zur Erde.

[8] Der Äther spielte eine große Rolle schon in der Naturphilosophie des DESCARTES.

[9] Im Gegensatz dazu nennt man Größen, die bei gegebener Skala durch Angabe einer einzigen Zahl schon bestimmt sind, Skalare. Die analytische Mechanik gründet sich auf die Tatsache, daß ein Vektor anstatt durch Angabe seines Betrages und seiner Richtung auch bestimmt werden kann durch Angabe von drei Skalaren, die seine Komponenten nach den drei Achsen eines räumlichen Koordinatensystems darstellen.

[10] Die Transversalität des Lichtes folgt aus der Tatsache, daß der ordentliche und der außerordentliche Strahl, in die ein Lichtstrahl bei der Doppelbrechung in einem Kristall gespalten wird, unter keinen Umständen, weder völlig noch teilweise, zur Interferenz gebracht werden können.

[11] Nach der Elastizitätstheorie können nämlich im Äther, wofern er flüssig ist, überhaupt nur longitudinale Wellen auftreten; transversale wären neben longitudinalen nur dann möglich, wenn man sich den Äther fest denkt. Will man longitudinale Wellen ganz ausschließen, so bleibt nichts anderes übrig, als sich den Äther überdies inkompressibel zu denken. Mit dieser Vorstellung ließ sich aber schwer die notwendige Annahme in Einklang bringen, daß der Äther der Bewegung der Himmelskörper keinen Widerstand entgegensetze.

[12] Näheres über den schwierigen Begriff des Verschiebungsstromes z. B. in des Verfassers „Einführung in die theoretische Physik" (5. u. 6. Aufl.), § 66.

[13] Es muß ausdrücklich von positiv elektrischer Ladung gesprochen werden, weil dadurch erst der Richtungssinn der Feldstärke festgelegt wird.

[14] Wilhelm Weber und sein Mitarbeiter Kohlrausch maßen zunächst mittels eines Elektrometers die Ladung einer Leidener Flasche in elektrostatischem Maße und sandten dann den Entladungsstrom durch ein besonders konstruiertes (sogenanntes ballistisches) Galvanometer, mittels dessen sie die gesamte durch das Galvanometer geflossene Elektrizitätsmenge (als Zeitintegral der Stromstärke) in elektromagnetischem Maße bestimmen konnten.

[15] Es sind dies die sogenannte Dielektrizitätskonstante und die sogenannte magnetische Permeabilität. Die beiden Größen geben an, wie vielfach die (elektrische oder magnetische) Feldstärke in der Substanz gegenüber dem Werte verkleinert erscheint, den sie unter sonst gleichen Umständen im leeren Raume hätte.

[16] Diese Beziehung, die sogenannte Maxwellsche Relation, sagt aus, daß die Dielektrizitätskonstante eines Mittels gleich dem Quadrate des Brechungsexponenten ist. Bei Gasen ist diese Beziehung sehr gut erfüllt, dagegen sehr schlecht bei Alkohol und namentlich bei Wasser, dessen Dielektrizitätskonstante 81 ist, während sein Brechungsexponent nur 1,33 beträgt.

[17] Dieses Instrument ist das sogenannte Bolometer; es beruht auf der Tatsache, daß ein Platindraht seinen elektrischen Widerstand mit der Temperatur ändert.

[18] Elektrische Entladungswellen von nur 0,2 mm Wellenlänge wurden z. B. 1923 von Nichols und Tear erzeugt und gemessen. Vor diesen Ver-

suchen war das Gebiet der ultraroten Strahlen von dem der elektrischen Entladungswellen noch durch eine Lücke von etwa drei Oktaven getrennt.

[19] Diese Theorie stammt von dem Mineralogen BRAVAIS und wurde von ihm in der Mitte des 19. Jahrhunderts ausgebildet.

[20] Im Jahre 1925 ist es übrigens A. H. COMPTON und seinen Mitarbeitern gelungen, die Wellenlängen von Röntgenstrahlen mittels gewöhnlicher optischer Beugungsgitter direkt zu messen — in guter Übereinstimmung mit den durch Verwendung von Kristallen gewonnenen Ergebnissen. COMPTON verwertete die Tatsache, daß sich innerhalb eines sehr engen Bereiches der Totalreflexion mit Hilfe von Metallgittern auch Wellenlängen bestimmen lassen, die viel kleiner als die Gitterkonstante sind.

[21] Vgl. das im fünften Vortrag über die Röntgenspektren Gesagte.

Anmerkungen zum zweiten Vortrag

[1] DEMOKRIT selbst war ein Schüler LEUKIPPS.

[2] Eine mechanische Auffassung der Wärme findet sich bereits bei dem Philosophen FRANCIS BACO; im Beginne des 19. Jahrhunderts wurde die mechanische Wärmetheorie von RUMFORD neu begründet und durch bedeutungsvolle Experimente gestützt.

[3] Man bezeichnet dieses Umwandlungsverhältnis als das mechanische Wärmeäquivalent, bzw. das kalorische Arbeitsäquivalent. Eine Wärmemenge von einer Kalorie, die 1 g Wasser von 15° auf 16° C erwärmt, ist äquivalent der Arbeit, die verrichtet wird, wenn ein Gewicht von 427 g 1 m hoch gehoben wird.

[4] Der Satz von der Erhaltung der mechanischen Energie setzt allerdings voraus, daß die wirkenden Kräfte bestimmte Eigenschaften besitzen. Er ist erfüllt, wenn zwischen den Körpern des Systems nur Kräfte wirken, die die Richtungen der Verbindungslinien haben und die nur von der Distanz abhängen, was ja sowohl für Gravitationskräfte als auch für elektrische und magnetische Kräfte zutrifft. Der Satz von der Erhaltung der mechanischen Energie findet sich in exakter Form schon im 18. Jahrhundert bei LAGRANGE. Wie der Satz auch außerhalb des Gebietes der Mechanik (im engeren Sinne dieses Wortes) angewendet werden kann, hat in exakter Weise zuerst HELMHOLTZ im Jahre 1847 gezeigt.

[5] Die Anfänge der kinetischen Gastheorie reichen allerdings bis auf DANIEL BERNOULLI zurück, der die Grundgedanken dieser Theorie schon in seiner 1738 erschienenen „Hydrodynamik" veröffentlichte.

[6] Diese Vorstellung stammt von JOULE (1851).

[7] Die klassische Gastheorie vergleicht die Gasmolekeln mit elastischen Kugeln, die infolge ihrer endlichen Ausdehnung ständig Zusammenstöße erfahren. Die Zahl der Zusammenstöße, die unter dieser Annahme eine Molekel in der Zeiteinheit erfahren würde, läßt sich aus der inneren Reibung berechnen. Sie würde für normalen Druck und normale Temperatur einige Milliarden in der Sekunde betragen. Nach der modernen

Auffassung hätte es keinen rechten Sinn mehr, von Zusammenstößen zu sprechen. Die Molekeln wären winzigen Planetensystemen zu vergleichen, von deren Bestandteilen elektrische Kräfte ausgehen (siehe den fünften Vortrag). Zwischen den Molekeln würden also elektrische Kräfte wirken und sie aus ihren geradlinigen Bahnen ständig ablenken, um so stärker, je näher zwei Molekeln einander kommen. Die Bewegung der Molekeln würde daher (ohne scharfe Ecken) zickzackartig verlaufen.

[8] Diese Gesetzmäßigkeit wurde von Boyle im Jahre 1660 erkannt und wird darum als Boylesches Gesetz (fälschlich auch als Mariottesches Gesetz) bezeichnet.

[9] Diese Temperatur wurde künstlich von Kamerlingh Onnes hergestellt unter Benutzung des Lindeschen Gegenstromapparates und mittels verflüssigten Heliums.

[10] Vor Clausius hat die molekularen Geschwindigkeiten, allerdings ungenau und auch falsch, schon Joule berechnet.

[11] Maxwells Forschungen betrafen vor allem die innere Reibung der Gase und das Gesetz, nach dem die verschiedenen Werte der Geschwindigkeit auf die Molekeln eines Gases verteilt sind. Geschwindigkeitswerte sind um so seltener, je mehr sie von dem durchschnittlichen Werte abweichen.

[12] Die relative Größe der Molekeln, d. h. das Verhältnis der Massen verschiedener Molekeln zur Masse des Wasserstoffatoms war ja aus der Chemie schon lange bekannt.

[13] Die Masse der Wasserstoffmolekel beträgt $3{,}3 \cdot 10^{-24}$ g.

[14] Zwischen den drei sogenannten Zustandsgrößen Druck, Volumen und Temperatur besteht eine die drei Größen verknüpfende Gleichung in der Form der sogenannten Zustandsgleichung (die das Gesetz von Boyle oder allgemeiner das von Van der Waals ausdrückt). Kennt man daher zwei Zustandsgrößen, so ist damit stets auch die dritte gegeben.

[15] Nach dem Gesetze von Avogadro (1811) enthalten alle Gase bei gleichem Druck und gleicher Temperatur in einem bestimmten Volumen dieselbe Zahl von Molekeln. Auf 1 ccm bei Atmosphärendruck und einer Temperatur von 0° C bezogen, beträgt diese Zahl 27 Trillionen.

[16] Das im Jahre 1903 von Siedentopf und Zsigmondy erfundene Ultramikroskop ermöglicht die Wahrnehmung von Teilchen, die im gewöhnlichen Mikroskop deshalb nicht mehr gesehen werden, weil sie kleiner als die Wellenlängen des sichtbaren Lichtes sind. Die ultramikroskopischen Teilchen (die also noch kleiner sind als etwa ein tausendstel Millimeter) erkennt man, obwohl sie nicht selbst in ihrer Gestalt sichtbar werden, mittels des Ultramikroskops daran, daß an ihnen vorbeigelangendes Licht gebeugt wird. Infolgedessen erscheinen die Teilchen, deren Gestalt unerkennbar bleibt, als kleine leuchtende Sterne.

[17] Die Wahrscheinlichkeit des M-Ereignisses könnte ja auch durch äußere Ursachen erhöht werden; es könnte etwa ein philologisch-historischer Vortrag über den Ursprung der Familiennamen Meier und Müller stattfinden, für den begreiflicherweise Träger dieser mit M anfangenden Namen ein besonderes Interesse hätten.

[18] Vgl. Anm. 11.

[19] Es war PROTAGORAS.

[20] In der Thermodynamik spielt eine wesentliche Rolle die Entropie, die bei umkehrbaren Vorgängen ungeändert bleibt, sonst aber stets zunimmt. Bis auf einen konstanten Proportionalitätsfaktor ist, wie BOLTZMANN erkannte, die Entropie identisch mit dem Logarithmus der Wahrscheinlichkeit.

Anmerkungen zum dritten Vortrag

[1] Das genaue Atomgewicht des Sauerstoffs beträgt in bezug auf Wasserstoff 15,88; gewöhnlich wird jedoch als Einheit des relativen Atomgewichts nicht das des Wasserstoffs, sondern der (davon nur wenig verschiedene) sechzehnte Teil des Atomgewichts des Sauerstoffs benutzt.

[2] Als Richtung des Stromes wird diejenige bezeichnet, in der die positive Elektrizität fließt, oder, was dasselbe ist, die Richtung, die derjenigen entgegengesetzt ist, in der die negative Elektrizität fließt. Da es aber ganz willkürlich und lediglich konventionell ist, daß man die Glaselektrizität als positive und die Harzelektrizität als negative bezeichnet und es nicht umgekehrt tut, ist es natürlich auch rein konventionell, welche der beiden „Elektroden" man als Eintrittsstelle oder Anode und welche man als Austrittsstelle oder Kathode bezeichnet.

[3] Auf Griechisch bedeutet das Wort Ion „der Gehende".

[4] Diese Vorstellung geht in ihren Anfängen auf GROTHUSS zurück (1805); sie hat ihre eigentliche Ausgestaltung in den fünfziger Jahren des 19. Jahrhunderts durch HITTORF und KOHLRAUSCH erfahren.

[5] Nach den elektrochemischen Gesetzen von FARADAY ist die in einer bestimmten Zeit elektrolytisch zersetzte Menge eines Stoffes vollkommen durch die Stromstärke bestimmt und dieser proportional; andererseits sind die Mengen, die von einem Strome von bestimmter Stärke aus verschiedenen Elektrolyten an den Elektroden ausgeschieden werden, chemisch äquivalent, d. h. sie verhalten sich wie die Quotienten aus Atomgewicht und chemischer Wertigkeit.

[6] Vgl. den fünften Vortrag.

[7] Als absolute elektrostatische Einheit der Elektrizitätsmenge wird diejenige Elektrizitätsmenge definiert, die auf eine gleich große in der Entfernung von 1 cm eine Kraft von einer Dyne ausübt. Eine Dyne ist aber die Kraft, die der Masse eines Gramms in einer Sekunde einen Geschwindigkeitszuwachs von 1 cm/sec erteilt. Eine Dyne ist etwas größer als das Gewicht eines Milligramms.

[8] Die Masse eines Wasserstoffatoms ist nämlich gleich $1{,}66 \cdot 10^{-24}$ g (vgl. Anm. 13 des zweiten Vortrags). Die Kraft, die die Atome in einer Entfernung von 1 cm aufeinander ausüben, erhalten wir in Dynen, wenn wir diese Zahl zum Quadrat erheben und noch mit der universellen Gravitationskonstante multiplizieren, die $6{,}66 \cdot 10^{-8}$ absolute Einheiten beträgt. Die Kraft, die zwischen den Ladungen wirkt, finden wir, indem

wir einfach die Zahl, die das elektrische Elementarquantum in absoluten Einheiten angibt ($4{,}77 \cdot 10^{-10}$), zum Quadrate erheben.

[9] Den Quotienten aus dem Quadrate der Ladung und dem Halbmesser muß man bei einer Flächenladung, um die elektromagnetische Masse selbst zu erhalten, noch mit $^2/_3$ multiplizieren und durch das Quadrat der Lichtgeschwindigkeit dividieren.

[10] Die Anfänge der LORENTZschen Theorie reichen bis zum Jahre 1880 zurück.

[11] Ein Beispiel für die Erzeugung erzwungener Schwingungen stellt auch die Tatsache dar, daß durch taktmäßiges Marschieren eine Brücke in heftige Schwingungen versetzt werden kann, weil die Periodizität des Marschierens mit der Periodizität der Eigenschwingungen der Brücke zusammenwirkt.

[12] Die Kanalstrahlen, die 1886 von GOLDSTEIN entdeckt wurden, gehen von der Kathode aus, aber in entgegengesetzter Richtung wie die Kathodenstrahlen. Damit die Strahlen austreten können, wird die Kathode in der Form kleiner Kanäle durchbohrt, woher auch der Name der Kanalstrahlen rührt. Den Kanalstrahlen sind die später entdeckten Anodenstrahlen verwandt, die von der Anode selbst ihren Ausgang nehmen.

[13] Die Herstellung metallischen Radiums ist allerdings erst im Jahre 1910 Frau CURIE gelungen.

[14] Scintilla heißt der Funke.

[15] Man bringt dazu vor das radioaktive Präparat eine mit einer kleinen Öffnung versehene Blende aus einer für α-Strahlen undurchlässigen Substanz. Die Öffnung macht man so klein, daß durch sie nur solche α-Strahlen austreten können, deren Auftreffen auf den Schirm im Mikroskop beobachtet werden kann. Dann berechnet man, welcher Bruchteil der gesamten α-Strahlung durch diese Öffnung hindurchgeht. (Dazu braucht man ja nur die Größe der Öffnung und ihren Abstand von dem Präparat zu wissen.) Indem man die Lichtblitze zählt, die man innerhalb einer bestimmten Zeit im Mikroskop wahrnimmt, kann man dann leicht ermitteln, wieviel α-Teilchen in der betreffenden Zeit von dem Präparat überhaupt ausgesendet werden.

[16] Man ladet dazu eine Metallplatte durch die radioaktive Strahlung positiv, indem man die gleichzeitig mit den α-Strahlen ausgesandten β-Strahlen durch magnetische Ablenkung ausschaltet.

[17] Das Gas Helium wurde zuerst in der Atmosphäre der Sonne entdeckt (daher der Name; Helios = Sonne), später auch in der irdischen Atmosphäre.

[18] Es ist für die radioaktive Strahlung z. B. ganz gleichgültig, ob das Präparat Radiumbromid oder Radiumchlorid ist.

[19] Die Atomgewichte von Uran, Thorium und Radium betragen (auf Sauerstoff = 16 bezogen) 238, 232, 226.

[20] Die Kräfte sind ja nach dem COULOMBschen Gesetz dem Quadrate der Entfernung umgekehrt proportional.

[21] Daß z. B. auch die Radiumemanation ein Element ist, folgt daraus, daß sie ein charakteristisches Spektrum besitzt.

[22] Es war eine schon längere Zeit bekannte Tatsache, daß die Ionen der Luft Kondensationskerne für Wolkennebel darstellen.

[23] RUTHERFORD wurde zu seiner Theorie durch Beobachtungen geführt, die sich auf die Streuung von α-Strahlen durch dünne Metallfolien bezogen.

[24] Das von THALES begründete Problem des Urstoffes bildete den Ausgangspunkt der hellenischen Philosophie.

Anmerkungen zum vierten Vortrag

[1] Die mechanischen Vorgänge sind dadurch bestimmt, daß für sie (bei einer bestimmten Art der Variation der Bewegung) die Wirkung ein Minimum darstellt; die Wirkung wird aber hierbei bestimmt durch das Zeitintegral der Differenz zwischen kinetischer und potentieller Energie.

[2] Der Gegensatz zu vollkommen schwarz ist vollkommen spiegelnd.

[3] Eine notwendige Voraussetzung für die Gültigkeit des KIRCHHOFFschen Gesetzes ist allerdings das Bestehen von sogenanntem thermodynamischen Gleichgewicht, in dem alle Körper, die zu dem betrachteten System gehören, gleiche Temperatur oder wenigstens keine merklich verschiedene haben.

[4] In dieser Begründung spielt eine wesentliche Rolle der Strahlungsdruck. Aus der MAXWELLschen Theorie folgt nämlich, wie schon MAXWELL selbst erkannte, daß ein Körper, auf den elektromagnetische Wellen auftreffen, durch diese einen Druck erfahren muß, der sich als Lichtdruck, allgemeiner gesprochen, als Strahlungsdruck äußert. Die Existenz des Lichtdrucks ist auf experimentellem Wege zuerst im Jahre 1901 von LEBEDEW mit Hilfe von sehr leichten Spiegeln im äußerst luftverdünnten Raume nachgewiesen worden.

[5] Diese Temperatur, bei der die sichtbare Glut einsetzt, ist, wie zuerst DRAPER erkannte, für alle Körper dieselbe; dies ist wiederum eine Folge des KIRCHHOFFschen Gesetzes.

[6] Die Verteilung der Energie über die Stufen des Spektrums wird durch andere Formeln beschrieben, wenn man die Abstufung nicht nach Wellenlängen, sondern nach Schwingungszahlen vornimmt.

[7] Aus dem WIENschen Gesetz würde eine oberflächliche Sonnentemperatur von etwa 6000° C folgen, falls die Sonne als schwarzer Körper angesehen werden darf. Auch aus dem STEFANschen Gesetz kann die Sonnentemperatur unter der gleichen Voraussetzung berechnet werden. Denn man kann ja die Erwärmung messen, die eine von den Sonnenstrahlen getroffene schwarze Fläche von gegebener Größe in gegebener Zeit erfährt. Dadurch kann die gesamte von der Sonne in einer Sekunde ausgestrahlte Energiemenge und hieraus wieder nach dem STEFANschen Gesetz die Sonnentemperatur berechnet werden. Auch auf diesem Wege gelangt man zu einer Temperatur der Sonnenoberfläche von etwa 6000°.

[8] Die WIENsche Konstante beträgt 0,294 cm × grad.

[9] Das eine Gesetz wurde von WIEN aus seinem Verschiebungsgesetz abgeleitet; es gilt nur für das ultraviolette Spektrum oder für tiefe Temperaturen. Das andere Gesetz hat LORD RAYLEIGH aufgestellt; es gilt nur für das ultrarote Spektrum oder für hohe Temperaturen.

[10] Die schwierigen, eine große Genauigkeit erfordernden experimentellen Untersuchungen, die die Unrichtigkeit der früheren Strahlungsgesetze und die Richtigkeit des PLANCKschen erwiesen, wurden vor allem von RUBENS und PASCHEN durchgeführt.

[11] Es ist zu beachten, daß die Masse des Atoms nur halb so groß ist wie die der Molekel.

[12] Das in der modernen Physik allgemein mit h bezeichnete elementare Wirkungsquantum beträgt $6{,}5 \cdot 10^{-27}$ erg $\times$ sec; vgl. Anm. 7 des dritten Vortrages. Ein Erg ist gleich der Arbeit, die eine Kraft von einer Dyne auf einem Wege von einem Zentimeter leistet; etwa 98 Millionen Erg sind gleich einem Kilogramm-Meter.

[13] Für die Erscheinungen der Fluoreszenz gilt das Gesetz von STOKES, demzufolge die Schwingungszahl des Fluoreszenzlichtes nie größer ist als die des erregenden Lichtes.

[14] Das EINSTEINsche Gesetz besagt, daß ein Lichtquant des auftreffenden Lichtes gleich ist der Bewegungsenergie eines bei dem lichtelektrischen Effekt losgelösten Elektrons plus der Arbeit, die zu seiner Loslösung aufgewendet werden muß.

[15] Dieser Wert beträgt 5,94 Kalorien. Vgl. Anm. 3 des zweiten Vortrages.

[16] Bei Zimmertemperatur beträgt die Atomwärme des Diamanten nur 1,7 cal; bei —50° C, wie schon im Jahre 1875 entdeckt wurde, 0,7 cal. Bei —187° ist die Atomwärme des Diamanten nur 0,03 cal, bei —250° 0,00 cal; d. h. bei dieser tiefen Temperatur ist trotz einer Genauigkeit der Messungen, die sich auf die zweite Dezimalstelle erstreckt, die Existenz einer spezifischen Wärme nicht mehr feststellbar. Der Abfall der spezifischen Wärme bei tiefen Temperaturen wurde in der neuesten Zeit dann natürlich auch bei anderen Stoffen festgestellt. So beträgt z. B. bei dem Kupfer, das sich bei Zimmertemperatur normal verhält, bei —186° die Atomwärme nur mehr 3,38, bei —240° 0,54, bei —250° 0,22 cal. Die experimentellen Untersuchungen über das Verhalten von Körpern bei tiefsten Temperaturen wurden hauptsächlich von KAMERLINGH ONNES in Leiden und von NERNST und seinen Schülern in Berlin durchgeführt.

[17] Für jeden festen Grundstoff läßt sich rein theoretisch eine sogenannte charakteristische Temperatur bestimmen. Nur wenn die Temperatur, bei der die Messungen angestellt werden, ziemlich größer ist als die charakteristische Temperatur, gilt nach der neuen Theorie das DULONGsche Gesetz. Nun liegt für die meisten festen Grundstoffe diese charakteristische Temperatur unter dem Schmelzpunkt des Eises, bei Diamant liegt sie hingegen bei etwa 1700°.

[18] Wie die spezifische Wärme nähert sich bei sehr tiefen Temperaturen auch der sogenannte Ausdehnungskoeffizient dem Werte Null.

[19] Auf keinem Gebiete physikalischer Messungen ist ein solcher Grad von Genauigkeit erreichbar wie in der Spektroskopie. Spektroskopische Größen lassen sich oft bis auf ein Millionstel ihres Wertes, manchmal noch genauer angeben.

[20] Diese Gesetzmäßigkeiten wurden vor allem bei den Alkalimetallen (Lithium, Natrium, Kalium, Rubidium, Cäsium) von KAYSER und RUNGE aufgefunden.

[21] Siehe REICHE, „Die Quantentheorie, ihr Ursprung und ihre Entwicklung" (Berlin, Springer, 1921), S. 221.

[22] Es ist der mit 2π multiplizierte Drehimpuls, der wieder gemessen wird durch das Produkt aus Masse, Bahnhalbmesser und linearer Geschwindigkeit. Ist der Drehimpuls gegeben, so lassen sich alle übrigen bei der Bewegung eine Rolle spielenden Größen durch die Beziehung berechnen, daß die nach dem COULOMBschen Gesetz berechnete elektrische Anziehung der Zentrifugalkraft entgegengesetzt gleich sein muß.

[23] Umgekehrt absorbiert das Wasserstoffatom aus einer auffallenden Strahlung nur Wellen von solchen Schwingungszahlen, die der BALMERschen Formel genügen. Dabei geht das Elektron (umgekehrt wie bei der Emission) aus einem durch die Zahl m bestimmten Anfangszustand in einen durch die Zahl n bestimmten Endzustand über.

[24] Die rote Linie ist identisch mit der FRAUNHOFERschen Linie C, die blaue mit der FRAUNHOFERschen Linie F.

[25] Im Emissionsspektrum hat man bisher nur die ersten zwanzig Linien in Entladungsröhren beobachtet; die weiteren Emissionslinien sind nur in den Spektren von Nebelsternen gefunden worden. Im Absorptionsspektrum wurden hingegen auch bei Laboratoriumsversuchen bis zu fünfzig Linien festgestellt.

[26] Die ultraviolette Serie wurde 1914 von LYMAN entdeckt, die durch Übergang in den dreiquantigen Zustand entstehende ultrarote Serie 1909 von PASCHEN und die durch Übergang in den vierquantigen Zustand erzeugte 1922 von BRACKETT.

[27] Das Helium ist deshalb für die theoretische Physik so wichtig, weil es, wie schon erwähnt, neben Wasserstoff der leichteste und daher offenbar auch einfachste Grundstoff ist.

[28] Die eine der Serien war von dem Astronomen PICKERING im Spektrum eines Sternes entdeckt worden, zwei andere von FOWLER in den Spektren von Entladungsröhren. Die verschiedenen Serien des Wasserstoffs und Heliums werden gewöhnlich nach ihren Entdeckern benannt.

[29] Diesen Nachweis hat PASCHEN (1914) erbracht.

[30] Man denke daran, wie die Störungen der Planetenbahnen zunächst als Mängel der NEWTONschen Gravitationstheorie angesehen wurden, bis LAPLACE durch die exakte Ausbildung der Störungstheorie den Nachweis dafür erbrachte, daß die vermeintlichen Abweichungen in Wirklichkeit Bestätigungen des NEWTONschen Gravitationsgesetzes sind.

[31] Das Heliumatom denkt sich die Theorie bestehend aus einem Kerne, der mit zwei positiven elektrischen Elementarquanten nach außen wirkt, und aus zwei Elektronen, die den Kern umkreisen. Gibt das neutrale

Heliumatom ein Elektron ab, so erscheint es nach außen hin mit einem positiven Elementarquantum geladen oder „ionisiert" (vgl. den dritten Vortrag). In dem ionisierten Heliumatom kreist also ebenso wie in dem Wasserstoffatom nur ein einziges Elektron, das demnach durch keine anderen mitkreisenden Elektronen gestört wird; daher sind die Verhältnisse dann ebenso einfach wie bei dem Wasserstoffatom. Die Ladung des Kernes ist allerdings doppelt so groß wie bei dem Wasserstoffatom, weshalb nach der BOHRschen Theorie in den Formeln für die Heliumserien die RYDBERGsche Konstante noch mit dem Quadrat von zwei multipliziert erscheint.

[32] Der gemeinschaftliche Schwerpunkt zweier Körper liegt in deren Verbindungslinie und teilt deren Distanz im umgekehrten Verhältnis der Massen.

[33] So erhielt MILLIKAN den Wert von $4{,}774 \cdot 10^{-10}$ elektrostatischen Einheiten (vgl. Anm. 7 und 8 des dritten Vortrages). Haben die Teilchen einen kleineren Halbmesser als etwa ein tausendstel Millimeter, so zeigt sich allerdings die MILLIKANsche Methode nicht mehr anwendbar.

[34] Ein Gramm-Atom eines einwertigen Stoffes würde in einer Sekunde bei einer Stromstärke von 96494 Ampère abgeschieden. Unter einem Grammatom eines Stoffes versteht man so viel Gramm, als das Atomgewicht beträgt (es wiegt z. B. ein Grammatom Wasserstoff 1,008 g usw.).

[35] In einem engen Zusammenhange steht mit dieser Konstanten die sogenannte LOSCHMIDTsche Zahl; sie gibt es an, wieviel Atome eines beliebigen Stoffes in einem Grammatom dieses Stoffes enthalten sind. Die LOSCHMIDTsche Zahl stellt also die Zahl dar, durch die man das in Gramm ausgedrückte Atomgewicht eines Stoffes dividieren muß, um die tatsächliche Masse seiner Atome zu erhalten. Die LOSCHMIDTsche Zahl beträgt $6{,}06 \cdot 10^{23}$.

[36] Die Masse des Elektrons beträgt $8{,}99 \cdot 10^{-28}$ g.

[37] Der genaue Wert des elementaren Wirkungsquantums ist $6{,}54 \cdot 10^{-27}$ erg sec.

[38] Vgl. des Verfassers gemeinverständlichen Aufsatz „Die LOSCHMIDTsche Zahl und die modernen Methoden ihrer Bestimmung" (Die Naturwissenschaften, Bd. 9, 1921, S. 180—184).

Anmerkungen zum fünften Vortrag

[1] Die Entdeckung der seltenen Metalle wurde erst durch die Erfindung der Spektralanalyse möglich.

[2] Die Edelgase (mit Ausnahme der Emanation) wurden gegen das Ende des 19. Jahrhunderts von RAMSAY in der Atmosphäre entdeckt.

[3] Vgl. Anm. 20 des ersten Vortrags.

[4] Die M-Serie wurde von SIEGBAHN entdeckt, die N-Serie zuerst von DOLEJSEK nachgewiesen. Übrigens hat bereits BARKLA in der von ihm entdeckten Eigenstrahlung eine härtere „K-Strahlung" und eine

wesentlich weichere „L-Strahlung" unterschieden. Daß die M- und die N-Serie nur bei Elementen mit hohem Atomgewicht festgestellt wurden, erklärt sich daraus, daß sie bei anderen Elementen in die Lücke zwischen ultraviolettem Licht und Röntgenstrahlen fielen. Je kleiner die Wellenlänge, desto härter sind die Strahlen.

[5] Direkte, mittels der Kristalle ausgeführte röntgenspektroskopische Messungen ermöglichten es, die natürliche Reihe der Grundstoffe von dem Fluor bis zu dem höchsten Element, dem Uran, festzustellen. Indirekte Messungen von charakteristischen Wellenlängen in dem Grenzgebiet zwischen Röntgenstrahlen und ultravioletten Strahlen gestatteten es andererseits, den Gang der Spektren von dem Fluor abwärts bis zu dem Grundstoff mit dem zweitkleinsten Atomgewicht, dem Helium, zu verfolgen.

[6] Trägt man als Abszissen die Ordnungszahlen der Elemente auf, als Ordinaten hingegen die Quadratwurzel aus der Frequenz einer bestimmten Linie, so ergibt die Verbindung der Punkte mit sehr großer Annäherung eine gerade Linie.

[7] Eine einfache Gesetzmäßigkeit, die diese Zahlen verknüpft, ist leicht erkennbar. Es ist $2 = 2 \times 1 \times 1$; $8 = 2 \times 2 \times 2$; $18 = 2 \times 3 \times 3$; $32 = 2 \times 4 \times 4$.

[8] Zur Zeit der MOSELEYschen Entdeckung betrug die Zahl der Lücken noch sechs. 1922 entdeckten HEVESY und COSTER das 72. Element (Hafnium), 1925 NODDACK und TACKE die Elemente 43 und 75 (Masurium und Rhenium), und schließlich glückte im Jahre 1926 HOPKINS die Entdeckung des 61. Elementes, des Illiniums.

[9] Vor der Aufstellung der neuen BOHRschen Theorie des periodischen Systems wurden sechzehn seltene Erden angenommen, die mit den Ordnungszahlen 57—72 in die Vertikalreihen IIIa und IVa eingereiht wurden. Die neue BOHRsche Theorie führte zu der Erkenntnis, daß das damals noch unbekannte Element Nr. 72 ein Homologes des Zirkons sein müsse, also nicht eine seltene Erde, während andererseits die seltenen Erden nur in der IIIa-Gruppe einzuordnen wären. In der Tat gelang es dann im Jahre 1922 COSTER und HEVESY, das 72. Element in Zirkonerzen zu entdecken; es erhielt zu Ehren der Stadt Kopenhagen, in der die Entdeckung erfolgte, den Namen „Hafnium".

[10] Bei Radium C findet ein Verzweigung der Umwandlungsreihe statt. Doch erfahren fast alle Atome, nämlich 9996 unter 10000, die in der Tabelle IV angegebene β-Umwandlung zum Ra C′ und nur 4 unter den 10000 eine α-Umwandlung zu einem als Ra C″ bezeichneten Stoffe, von dem dann eine β-Umwandlung zu dem Radium D führt.

[11] Die in Betracht kommenden Strahlen stammen eigentlich nicht direkt von dem Radium C, sondern von dem Radium C′, das sich ständig aus dem Radium C bildet (vgl. Tabelle IV).

[12] Gemeint ist ein Gramm Radium samt den darin enthaltenen, mit dem Radium im Gleichgewicht befindlichen Umwandlungsprodukten des Radiums, von denen aber für die Kernzertrümmerung nur das Radium C′ in Betracht kommt, weil nur dieses genügend rasche α-Strahlen emittiert.

[13] Daß es sich bei der Kernzertrümmerung im wesentlichen um einen explosionsartigen Vorgang handelt, der durch das α-Teilchen ausgelöst wird, beweist die Tatsache, daß die kinetische Energie eines fortgeschleuderten H-Teilchens bis zu 40% größer ist als die kinetische Energie des in den Kern geschossenen α-Teilchens. Besonders weitreichende H-Strahlen (mit einer Reichweite bis zu 90 cm) werden aus dem Aluminium ausgelöst.

[14] Es sind die Plätze von Nr. 81 (Thallium) bis Nr. 92 (Uran) mit Ausschluß der Lücken Nr. 85 und 87.

[15] Wie im dritten Vortrag erwähnt wurde, bewirkt auch ein magnetisches Feld eine Ablenkung von korpuskularen Strahlen, allerdings auf andere Art als ein elektrisches.

[16] Genauer gesagt, als ganzzahlige Vielfache des 16. Teiles der Masse eines Sauerstoffatoms. Vgl. Anm. 17.

[17] Die Atomgewichte der Reinelemente sind natürlich mit sehr großer Annäherung genau ganzzahlig. Die geringen Abweichungen erklären sich durch den in dem sechsten Vortrag zu besprechenden Satz von der trägen Masse der Energie.

[18] Mittels der ASTONschen Methode kann ein Isotop nachgewiesen werden, woferne es auch nur ein Zehntel Promille des Mischelementes bildet.

[19] Die in der Chemie üblichen Trennungsmethoden müssen natürlich versagen.

[20] Eine Reindarstellung von Isotopen ist auf diesem Wege allerdings nicht zu erhoffen, weil mit fortschreitender Trennung die Ausbeute immer geringer wird.

[21] Die Tatsache der α-Strahlen spricht dafür, daß sich die Grundstoffkerne aus kleineren Aggregaten zusammensetzen, die ihrerseits aus Protonen und Elektronen gebildet sind. Ein α-Teilchen hätte man sich, da es die Ladung + 2 und die Masse 4 hat, aus 4 Protonen und 2 Elektronen bestehend zu denken.

[22] Die Zweiatomigkeit des Wasserstoffs, des Sauerstoffs, des Stickstoffs und der Halogene ergibt sich aus der Untersuchung der Volumverhältnisse bei gasförmigen Reaktionen auf Grund des AVOGADROschen Gesetzes (vgl. Anm. 15 des zweiten Vortrages). Es verbinden sich z. B. ein Liter Wasserstoff und ein Liter Chlorgas zu zwei Litern Chlorwasserstoffgas. Nach dem AVOGADROschen Gesetz müssen nach der Reaktion ebensoviel Chlorwasserstoffmolekln vorhanden sein, als die Summe der vorhandenen Wasserstoff- und Chlormolekeln betrug. Da aber die Chlorwasserstoffmolekeln aus (wenigstens) je zwei Atomen bestehen müssen, nämlich einem Chlor- und einem Wasserstoffatom, so müssen auch die Molekeln dieser beiden Grundstoffe aus je zwei Atomen zusammengesetzt sein.

[23] Dreiatomiger Sauerstoff wird als Ozon bezeichnet. Dreiatomiger Wasserstoff wurde von J. J. THOMSON mittels der Kanalstrahlanalyse nachgewiesen.

Anmerkungen zum sechsten Vortrag

[1] Da nach dem zweiten NEWTONschen Bewegungsaxiom durch die Kraft nicht die Geschwindigkeit, sondern nur die Geschwindigkeitsänderung bestimmt ist, so haben die Bewegungsgleichungen dieselbe Form für zwei gegeneinander gleichförmig bewegte Systeme. Es ist daher unmöglich, durch Beobachtung der Bewegungsvorgänge in einem System zu erkennen, ob das System gleichförmig fortschreitet oder nicht, und somit auch zu entscheiden, ob sich das System in Bewegung befindet oder ruht. Diese Tatsache bildet den Inhalt des den Physikern längst bekannten sogenannten mechanischen Relativitätsprinzips.

[2] Wegen der Einzelheiten des MICHELSONschen Versuches vergleiche man etwa die Darstellung in EINSTEINS gemeinverständlicher Schrift „Die spezielle und die allgemeine Relativitätstheorie" (Sammlung VIEWEG, Braunschweig, Heft 38).

[3] Daß die klassische Physik in mehrfacher Hinsicht an inneren Widersprüchen krankte, haben noch vor der Aufstellung der Relativitätstheorie (in gewissem Sinne als deren philosophische Vorläufer) MACH und POINCARÉ in ihren viel verbreiteten erkenntnistheoretisch-kritischen Schriften dargelegt.

[4] Daß die Vorstellung der absoluten Zeit zum Dogma wurde, ist zum großen Teil dem gewaltigen Einfluß NEWTONS zuzuschreiben.

[5] Die Annahme, daß ein bewegter Stab verkürzt erscheine, wurde schon vor der Aufstellung des EINSTEINschen Relativitätsprinzips von LORENTZ zur Erklärung des MICHELSONschen Versuches gemacht. Man spricht darum auch von einer LORENTZ-Kontraktion.

[6] Auch die klassischen Formeln für die Zusammensetzung von Geschwindigkeiten, wie der Satz vom Geschwindigkeitsparallelogramm, haben daher keine allgemeine Gültigkeit mehr.

[7] Hat ein Körper gegenüber einem Beobachter, für den er ruht, die Masse m_0 (das ist seine sogenannte Ruhmasse); hat er ferner gegenüber einem zweiten Beobachter die Relativgeschwindigkeit v und bezeichnen wir die Lichtgeschwindigkeit mit c, so ist die Masse des Körpers für den zweiten Beobachter gleich $m_0/\sqrt{1-v^2/c^2}$. Die Masse des bewegten Körpers erscheint also stets vergrößert.

[8] Die Eigenenergie eines Körpers ist gleich dem Produkte aus seiner Ruhmasse und dem Quadrate der Lichtgeschwindigkeit. Gegenüber der Eigenenergie ist die sogenannte kinetische Energie (die natürlich nur eine relative Bedeutung hat) im allgemeinen verschwindend klein; selbst die Wucht einer abgeschossenen Gewehrkugel würde nur ungefähr den billionsten Teil ihrer Eigenenergie darstellen.

[9] Der Massenverlust, der durch die Wärmeentwicklung bedingt ist, ist natürlich nicht zu verwechseln mit der Verminderung des Radiums selbst infolge der Bildung von Emanation.

[10] Bezeichnen wir die drei räumlichen Koordinaten mit x, y, z, die Zeit mit t und die Lichtgeschwindigkeit mit c; bezeichnen wir andererseits die vier Koordinaten in einer vierdimensionalen Geometrie mit

x_1, x_2, x_3, x_4; so transformieren sich die vier Koordinaten nach gewissen Formeln, wenn man das vierdimensionale Achsenkreuz dreht. Diese Transformationsformeln behalten nun nach der MINKOWSKIschen Interpretation des Relativitätsprinzips ihre Gültigkeit, wenn man in ihnen die vier Größen x_1^2, x_2^2, x_3^2, x_4^2 ersetzt durch die vier Größen x^2, y^2, z^2 und $-c^2 t^2$. Die Behauptung, daß es keine absolute Bewegung geben könne, erscheint vom MINKOWSKIschen Standpunkte aus gleichbedeutend mit der Aussage, daß in der MINKOWSKI-Welt keine Richtung irgendwie ausgezeichnet sein könne.

[11] In der geographischen Breite von Wien beträgt die östliche Abweichung bei einer Fallhöhe von hundert Metern etwa $1^1/_2$ cm.

[12] Besonders anschaulich ist das von EINSTEIN selbst gebrachte Beispiel des in einen großen Kasten irgendwo im Weltenraum eingeschlossenen Physikers. Der Kasten sei an einem Seil befestigt, das über eine Rolle führe und das mit konstanter Beschleunigung herabgezogen werde. Der in dem Kasten eingeschlossene Physiker, der nichts von der Welt außerhalb des Kastens, nichts von der Rolle und nichts von dem Seil weiß, wird natürlich ein Schwerefeld feststellen (das sich, wenn wir uns den Kasten auf der Erde statt im Weltenraum denken, über das irdische Schwerefeld noch überlagert).

[13] Dabei ist natürlich vorausgesetzt, daß auf den Körper keine äußeren Kräfte wirken, zu denen wohl elektromagnetische, nicht mehr aber nach der neuen Auffassung sogenannte Gravitationskräfte zu zählen sind.

[10] Darum wird der Tensor als der metrische Fundamentaltensor bezeichnet.

Anmerkungen zum siebenten Vortrag

[1] Der COMPTON-Effekt äußert sich darin, daß Röntgenstrahlen bei ihrer Streuung durch Atome eine Vergrößerung der Wellenlänge erfahren, die nur von dem Streuwinkel abhängt, hingegen von der Wellenlänge selbst unabhängig ist.

[2] Aus der Vorstellung gravitierender Lichtquanten folgt nämlich, daß die Arbeit, die ein solches Lichtquant bei seinem Entweichen aus dem Schwerebereich verrichten muß, seine Energie und somit auch die dieser universell proportionale Frequenz vermindert.

[3] Diesbezüglich sei auf des Verfassers Schrift „Materiewellen" (3. Auflage, Leipzig, Akadem. Verlagsges., 1930) verwiesen.

*

Chronologische Übersicht

1820. Oersted entdeckt den Elektromagnetismus.
1831. Faraday entdeckt die Induktionsströme.
1833. Faraday entdeckt das Grundgesetz der Elektrochemie.
1842. Mayer und Joule entdecken die Konstanz des Umwandlungsverhältnisses zwischen Wärme und mechanischer Arbeit.
1856. Weber findet eine elektrische Konstante gleich der Lichtgeschwindigkeit.
1857. Clausius begründet die neuere kinetische Gastheorie.
1859. Kirchhoff stellt das fundamentale Prinzip der Strahlungstheorie auf.
1860. Kirchhoff und Bunsen begründen die Spektroskopie.
1865. Loschmidt schätzt zuerst die Größe der Molekeln ab.
1866. Boltzmann erklärt die Irreversibilität vom Standpunkt der Molekularstatistik.
1869. Lothar Meyer und Mendelejeff entdecken das periodische System der Elemente.
1873. Maxwell begründet die elektromagnetische Lichttheorie.
1876. Rowland beweist experimentell die Existenz der Konvektionsströme.
1879. Stefan entdeckt das nach ihm benannte Strahlungsgesetz.
1881. J. J. Thomson gewinnt den Begriff der elektromagnetischen Masse.
1885. Balmer entdeckt die Gesetzmäßigkeit des Wasserstoffspektrums.
1888. Hertz bestätigt durch seine Versuche die Maxwellsche Theorie.
1893. Wien entdeckt das Verschiebungsgesetz.
1895. Lorentz begründet die Elektronentheorie.
1895. Röntgen entdeckt die nach ihm benannten Strahlen.
1896. Becquerel entdeckt die Radioaktivität.
1896. Zeeman entdeckt den nach ihm benannten magneto-optischen Effekt.
1898. Das Ehepaar Curie entdeckt das Radium.
1900. Planck begründet die Quantentheorie und gewinnt das allgemeine Strahlungsgesetz.
1900. Rutherford entdeckt die Emanation.
1902. Rutherford und Soddy stellen die Theorie des Atomzerfalls auf.
1903. Ramsay und Soddy weisen die Bildung von Helium aus Emanation nach.
1905. Einstein stellt das Relativitätsprinzip auf.
1905. Einstein entdeckt den Satz von der Trägheit der Energie.
1905. Einstein begründet die Vorstellung der Lichtquanten.
1905. Barkla entdeckt die charakteristische Strahlung der Grundstoffe.
1906. Nernst stellt den nach ihm benannten Wärmesatz auf.
1907. Einstein begründet die Quantentheorie der Wärme fester Körper.

1908. Minkowski schafft den Begriff einer vierdimensionalen, Raum und Zeit verknüpfenden Welt.
1910. Soddy begründet die Vorstellung der Isotopie.
1912. Laue entdeckt die Interferenz der Röntgenstrahlen in Kristallen.
1913. Die Bragg ermitteln die Struktur der Kristalle.
1913. Moseley begründet die Röntgenspektroskopie.
1913. Bohr begründet die Quantentheorie der Spektren und des Atombaus.
1913. Soddy und Fajans finden das Umwandlungsgesetz der Grundstoffe.
1915. Einstein begründet die allgemeine Relativitätstheorie.
1915. Sommerfeld erklärt die Feinstruktur der Spektrallinien.
1919. Rutherford entdeckt die Bildung von Wasserstoff aus Stickstoff.
1919. Aston begründet die Massenspektroskopie.
1921. Bohr erklärt das periodische System der Elemente vom Standpunkt der Quantentheorie.
1923. Compton entdeckt den nach ihm benannten Effekt.
1924. De Broglie begründet die Vorstellung der Materiewellen.
1925. Uhlenbeck und Goudsmit begründen die Vorstellung des Elektronenspin.
1925. Heisenberg und Schrödinger begründen die Wellenmechanik.
1927. Davisson und Germer weisen zuerst experimentell Materiewellen nach.
1929. Experimentelle Entdeckung des Parawasserstoffs.

*

Namenverzeichnis

(Ohne Rücksicht auf die Anmerkungen)

*

Sachverzeichnis

(Ohne Rücksicht auf die Anmerkungen)

*

PHYSIK/CHEMIE

LITERATUR AUS DEM VERLAG WALTER DE GRUYTER & CO.

Oktober 1931

Lehrbuch der Physik. Von EDUARD RIECKE, weiland Geh. Regierungsrat, o. Professor an der Universität Göttingen. Zu eigenem Studium und zum Gebrauche bei Vorlesungen herausgegeben von ERNST LECHER †, Vorstand des I. Physikalischen Instituts der Universität Wien, und Professor Dr. ADOLF SMEKAL, o. Assistent am II. Physikalischen Institut der Universität Wien. Siebente, verbesserte und um eine Darstellung der Atomphysik vermehrte Auflage. Groß-Oktav.

I. Band: Mechanik und Akustik. Wärme. Optik. Mit 458 Figuren im Text. XVI, 656 Seiten. 1923. RM. 12.60, geb. 14.—

II. Band: Magnetismus und Elektrizität. Atomphysik. Mit 1 Bildnis von E. LECHER † und 319 Fig. im Text. XVI, 725 S. 1928. RM. 15.—, geb. 17.—

Rieckes berühmtes „Lehrbuch der Physik" liegt nach Erscheinen des zweiten Bandes vollständig in siebenter Auflage vor. Smekal hat den vorliegenden zweiten Band auf den letzten Stand der Forschungsergebnisse gebracht, verschiedentliche Änderungen vorgenommen und das Kapitel „Atomphysik" neu eingefügt; im ganzen aber wurde dieser Teil so belassen, wie es nach Lechers großer Umarbeitung sich die glänzende Kritik erworben hat.

Lehrbuch der Physik. Nach Vorlesungen an der Technischen Hochschule in München. Von H. EBERT, weiland Professor an der Technischen Hochschule in München. Groß-Oktav.

I. Band: Mechanik. Wärmelehre. Mit 168 Abbildungen im Text. Zweite, unveränderte Auflage. XX, 661 Seiten. Anastatischer Nachdruck 1920. RM. 20.—, geb. 21.50

II. Band, I. Teil: Die elektrischen Energieformen. Fertiggestellt und herausgegeben von C. HEINKE, o. Professor an der Technischen Hochschule in München. Mit 341 Abbild. im Text. XX, 687 S. 1920. RM. 22.—, geb. 24.—

II. Band, II. Teil: Die strahlende Energie. Unter Mitwirkung von Privatdozent Dr. VON ANGERER, Professor Dr. W. KOSSEL, Professor Dr. EMDEN und Geheimrat Professor Dr. SOMMERFELD fertiggestellt und herausgegeben von C. HEINKE, o. Professor an der Technischen Hochschule in München. Mit 196 Abbild. im Text. XII, 416 Seiten. 1923. RM. 15.—, geb. 16.50

Ein instruktives Lehrbuch zum Gebrauch bei Vorlesungen und experimentellen Versuchen.

Die Physik. Von Dr. LEO GRAETZ, o. ö. Professor der Physik an der Universität München. Mit 395 teils farbigen Abbildungen im Text und 12 farbigen und schwarzen Tafeln. Zweite, verbesserte und vermehrte Auflage. Royal-Oktav. XII, 582 Seiten. 1923. RM. 10.—, geb. 12.50

Eine grundlegende Einführung in die Welt der modernen Physik für Anfänger, Dozenten und gebildete Laien.

Experimentalphysik. Von Professor ROBERT LANG, Rektor des Realgymnasiums in Stuttgart.

I. Mechanik der festen, flüssigen und gasigen Körper. Mit 125 Figuren im Text.
II. Wellenlehre und Akustik. Mit 69 Figuren im Text.
III. Wärmelehre. Mit 55 Figuren im Text.
IV. Optik. Mit 96 Figuren im Text.

(Sammlung Göschen Bd. 611—614.) Jeder Band geb. RM. 1.80

Ein Unterrichtswerk für Schüler höherer Lehranstalten, technische Fachschüler, Studierende und Lehrer.

FSC
www.fsc.org
MIX
Papier | Fördert
gute Waldnutzung
FSC® C083411

Kolibri 360 GmbH
Ferdinand-Jühlke-Straße 7
99095 Erfurt, Deutschland
produktsicherheit@kolibri360.de